THE SCIENCE OF

INFLUENCE 影响力观

shiwenbooks

影响力观

THE SCIENCE OF INFLUENCE

[美]博恩·崔西　[美]丹·斯特拉泽尔 /著　冉　佳 /译

金城出版社
GOLD WALL PRESS
·北京·

图书在版编目(CIP)数据

影响力观/(美) 博恩·崔西，(美) 丹·斯特拉泽尔著；
冉佳译. —北京：金城出版社，2019.6
书名原文：The Science of Influence
ISBN 978-7-5155-1786-5

Ⅰ.①影… Ⅱ.①博… ②丹… ③冉… Ⅲ.①成功心理-
通俗读物 Ⅳ.①B848.4-49

中国版本图书馆 CIP 数据核字(2018)第 272828 号

影响力观

作　　者	[美]博恩·崔西　[美]丹·斯特拉泽尔
译　　者	冉　佳
责任编辑	李凯丽
开　　本	710 毫米×1000 毫米　1/16
印　　张	11
字　　数	115 千字
版　　次	2019 年 6 月第 1 版
印　　次	2019 年 6 月第 1 次印刷
印　　刷	三河市祥达印刷包装有限公司
书　　号	ISBN 978-7-5155-1786-5
定　　价	45.80 元
出版发行	**金城出版社** 北京市朝阳区利泽东二路 3 号　邮编：100102
发 行 部	(010)84254364
编 辑 部	(010)84250838
总 编 室	(010)64228516
网　　址	http://www.jccb.com.cn
电子邮箱	jinchengchuban@163.com
法律顾问	北京市安理律师事务所（电话）18911105819

总　序

成功对话系列

博恩·崔西，商业与个人成功方面的世界最佳权威之一。他已经给500多万人做过5000多场讲座和研讨会，同时也担任全球主要行业最高领导人的企业指导师。

丹·斯特拉泽尔，年仅25岁，却是个人发展行业的资深人士，发表了历史上一些最成功的音频节目。他也曾与大多数个人发展方面的顶尖作者和演讲家密切共事并保持着良好关系。

当博恩同意坐下来，谈一谈其《影响力观》（*The Science of Influence*）研讨会时，丹无比激动。一整个周末他们都与对方会面，这两位思想家就这个主题进行了深入地、细致地探讨。这些富有深度的采访被录下来，在此呈现。我们希望您能喜欢他们的讨论，并从中受益。

THE SCIENCE OF
INFLUENCE
How to Inspire Yourself
and Others to Greatness

目 录

导 言

丹

人们在人际关系领域最想培养的一大技能就是影响力技能，因为如果不去培养、不去改进这种技能，就算是在最好的情况下，和人际关系相关的其他一切也会失去效用；而在最差的情况下，和人际关系相关的其他一切则会彻底毁掉。

如果你想把自己的商业理念传达给投资者，但却缺乏影响力技能，那么不仅你的想法会落空，你需要做的风投决策也完不成。

如果你想让孩子接受你珍视的道德价值观，但却缺乏影响力技能，那么你的观点在社交媒体及孩子的同龄人面前便会显得苍白无力。

如果你想说服爱人重视身体健康，但却缺乏影响力技能，那么她最终很可能会在诊室听到坏消息，然而一切为时已晚。

或者，你可能正试着戒掉咖啡因瘾或网瘾，但如果缺乏影响力技能，你就无法说服自己相信延迟满足感并养成一个让自己强大的新习惯很值得。

影响力就像一把坚硬钛制密码锁上的数字组合。我们可以想象一下，沟通交流就像是在旋转这个密码锁，而锁本身则封锁了他人或自我的意识。如果你的沟通只是无休止的闲聊、线上交流或强制命令，但你却疏于倾听，这就像一遍遍地旋转锁上的数字却寥寥无果。但如果培养了影响力这一关键技能，你就能破解密码，得以了解他人或自己的全部意识。这就是各位能在本书中学到的东西：影响力技能，组成特定密码的具体数字，这些数字能让你取得难以置信的成果，例如更幸福更和谐的人际关系、更高的销售业绩、更有利可图的合作关系以及坚守重要承诺的更强能力。

你想如何成为自己孩子人生中的头号影响力？想如何说服所在社区的人投票选你担任学校董事会成员？又想如何让你的办公室团队在月销售榜上保持榜首？这些问题的所有答案都能在这本走在前沿的书中找到。在博恩与我的动态对话中，你将了解到他在自我发展行业40多年来关于影响力的最佳创意、策略和技巧。

但更重要的是，你将听到博恩对这一话题的最新见解，这也是首次在此处呈现。本书是博恩和我在成功对话系列的第三本书，我们将在此讨论当今世界有关成功学最核心的一些话题。和之前的两本书——《博恩·崔西的财富科学观》和《博恩·崔西的激励学》一样，本书将向各位读者展示，影响力学这门科学的确存在，且其不只经受了几年或几十年，而是几千年的多次测试和证明。"如何影响他人"的想法自圣经时代诞生；后来在文艺复兴时期得以延伸；20世纪，以戴尔·卡耐基的《如何赢得朋友并影响他人》为代表的一系列标志性作品进一步发展了这一理念；此后这一思想又随着神经科学、神经语言学编程等的发展延续至今。

正如治疗癌症或秃顶的新理论一样，新的影响力理论也会随时出现，而科学学科及其测试、验证结果的规则将在短期内将这些理念从理论领域转移到现实事实。我们的节目旨在为各位介绍有关影响力的已验事实，消除荒诞的观念和未成形的理论，从而为各位留下思想的宝藏，让你在自己的生活和你关心之人的生活中更具影响力。

那么，欢迎大家和自我发展专家博恩·崔西共同走进《影响力观》。博恩，很高兴再次与你在此相聚。

博恩

我也是，能在这里做分享非常棒。在过去五十年，我大概花了15万个小时研究这些主题和其他主题，并将其编织成复杂的观念网络，其中各个观念之间都会互相影响。有时，人们在我的研讨会上找到我，对我说，尽管他们从未从某个见解的角度思考过，但将这个独立的见解与他们已知的见解相结合后，却彻底改变了他们看待自我、生活、人际关系、家人和商业伙伴、客户、金钱的方式，这就像是一场在他们大脑中燃放的烟花表演。

丹

太棒了！希望很多读过这本书的人也会有同样的经历——在自己和自己想要引领之人的大脑中燃放烟花。

第一章

影响力有何特殊之处？

丹

那么，博恩，我们从这个问题开始——影响力有何特殊之处？为何这项技能如此受人追捧？影响力只是为了控制他人而获得自己想要的，还是有更积极、更重要的目的呢？对于这个话题，你的哪些深刻见解和大多数教授成功动力与训练的作家的普遍认知背道而驰？首先，我想问问你，你是如何定义影响力的呢？

博恩

最新最恰切的一个定义是“转变”，我会讲不同的语言，而在不同的语言中对此有不同的表达，但“转变”就是指像跳上两三层楼梯一样，把一个人从一种思想状态或一整套结论变成另一种状态。如果回顾历史，你会发现人类最初始的一大动机是改善生存条件。一切销售、购买的行为都是试图以某种方式改善自己的生存条件，我们将其称为 ABC 动机理论。A 代表 Antecedents（前因），也就是你出现或发挥影响力之前的处境；B 代表你采取的或者他人建议你采取的 Behavior（行为）；C 则代表着 Consequence（后果）。在这个公式中，你行为中的 15%由前因、往事决定，而促使你转变和改变的动机 85%源于预期的后果。

这样我们就能明白：只有一个人觉得采取任何形式的行动或者接受他人影响后会变得更好，他才会转变和改变。人们越是坚信自己之后会变得更好，就越容易接受吸收各种形式的影响。

我在之前的一些作品中举了这样一个例子：设想在一个商业广场上，人们往返穿梭在工作岗位、办公室和会议室之间，广场上的商人穿着得体，全都是正常而理性的模样。你攥着一百张一美元的钞票走到广场中央，在某一刻突然将这一百张钞票抛到空中，钞票便飘摇而落。

没过几秒，人们就看到了这一幕——白送的钱在空中飘动。过不了几秒，人们从正常与理性，而转为抓狂——他们会大喊尖叫，你争我抢，你推我攘，紧紧攥住到手的钞票，甚至跳到人们身上，行为举止尽显暴力。由于这笔意外之财数量有限，人们争先恐后设法抢到一份；由于这笔钱可能很快就会被抢完，其他人还在继续争夺，如果你行动迟缓，你就拿不到自己的那一份，所有钱被抢完了时，民众便会变得狂暴。

你还听过这样的故事：一辆运钞车在街上行驶时后门开了或者出了事故，钞票洒满了街头，路上的车全都停了下来，伴随着喧嚣、打斗和推攘，人们开始从四面八方跑来。可以说这些所有飘在空中的钱都是一种影响力，它引发了原本绝不会存在的行为，而且这一切几乎是在瞬间发生的。

一个很好的实例，也是如今最有名的实例，就是苹果手机的发布。苹果公司发布了手机所有的特别功能，告知消费者该手机将于周六早八点开售。之后，尽管人们对一切都还知之甚少，却时常有一两百或两三百人夜宿街头，甚至还出现了所谓的代排族。

代排族是指那些四处走动的人，只需五美元，就能让他们在你去上厕所、吃东西或换衣服时帮你占位，以防位置被占。这完全是由于这些人对购买产品的强烈渴望，所以才会深受其影响。

影响力基本上就是这样，它会让人们对自己生活中将会发生的（生活）改善及其发生的速度异常兴奋，从而让人们去排长队或参与局外人眼中几乎疯狂的行为，而正是由于对这种改善的强烈渴望，人们才会参与这些行为。

丹

太有趣了。博恩，我与你相识多年，一直以来，你都是教授成功动力与训练界的成功作家、演讲家行列中的一员。甚至不仅如此，有些演讲家说到一个话题时，就像在精神层面吃棒棒糖一样：吃完了一根后，还想再来一根，仿佛能从中得到快感一样。和我共事过的一些作家实际上非常擅长让人们在生活中创造成果，你便是其中之一，过去几年我们已经得到了证明："我汲取了博恩'成就心理学'或'成功心理学'课程中的理念，取得了出乎意料的成果"，且这些成果在你做的所有事里都很显著。

你不仅成为了一名优秀的演说家，还让他人采取行动创造人生的成果，是什么帮助你成功做到这些并拥有如此强大的影响力呢？

博恩

我的成功秘诀——假设真有秘诀存在，其实我本人是不相信有秘诀的——就是我曾花费上千小时做了大量调查，尝试找出一些人比另一些成功的原因。所有人都渴望用尽可能最快最简单的方式达成最高的成就，而很少考虑到其次要后果。

我 21 岁时读过一本关于心理学家亚伯拉罕·马斯洛的书，那本书是对他作品的解释，基本上讲的就是每个人都有实现自身潜力的渴望。

一位伟大的玄学派教师曾经写到：一切沮丧、愤怒、失望和社会问题都源于人们对目前远未实现潜力或是不知如何挖掘潜力的深深无奈。这就好像自己的土地下有金矿，农场里有油井，但却对如何挖掘潜力一无所知，于是便导致了沮丧和愤怒。

当我出现在这些人的眼前时，会说：“看，每个人都有这么大的潜力，那么从何处开始挖掘潜力呢？”

第一步，要意识到你拥有潜力，而且这些潜力多到你活一百年也用不完。全世界上百万，如今可以说是上千万的人都完成了脱贫致富，仅在一代的时间内便成为了百万富翁、亿万富翁。他们的经历，你也可以做到，接下来我会告诉大家这些白手起家、低迷许久的人最终做了什么改变了人生轨迹，就是扭转了开关、打开了大门。

我曾说过成功是个密码锁，只不过锁上的数字要更多些。就像在销售中，完成销售需要七步组合，这一点已在上万次对顾客的采访、上万次录制的销售对话中得到证实。销售界研发了销售过程，即使是普通人，只要遵循着这一过程，也能让销售攀升。不仅是我，IBM以及Xerox（施乐），还有全球一些大公司都是如此。他们通过视频和采访研究销售的过程，发现了这一过程需要七个步骤。如果系统有序地遵循这七大步骤，最终就能获得和其他人相同的成果，我向全世界两百多万人都传授过这一方法。

我的朋友，奥格·曼迪诺曾告诉我："博恩，成功没有秘诀，贯穿人类历史，只有对简单规则和原则的发现与再发现。你所要做的一切是反复学习、反复实践，之后就能取得与各行各业最成功的公司一样的成就。"很惊喜，这确实奏效了。要影响他人，你需要做很多合理的事。如果你做的事正确，人们就会接受你的影响力、想要被你影响、寻求你的向导和指引。而他们的表现会超乎你的想象，你也将取得前所未有的成就。

丹

博恩，"影响"和"说服"两个词常常被视为一物，你觉得两者完全相同吗？还是你认为影响与仅仅说服别人相比，有些细微的不同？

博恩

是的，我认为影响和说服这两者同中存异。只要你够独特，就能影响他人，比如我们所谈论的行为榜样的重要性，相比于一个人对什么都不相信或对你有不好印象，如果这个人相信你为人独特、具有个性、做事明晰、有说服力，那么他受你的影响也就更大。

在养儿育女方面，众所周知，孩子 40%到 50%的习惯都是由父母影响养成的，而一个人的习惯很大程度上决定了你人生的成败。我们知道，父母彼此之间的相处之道以及对待孩子的方式对孩子来说有极大的说服力和影响力。有人曾说过："一个人能为孩子做的最好的事就是爱孩子的妈妈。"这就是一件非常简单的事。

我和我妻子刚结婚时就明白这个道理。我们看了所有相关的书，并且按照这一理念培养孩子，我对妻子芭芭拉极为尊敬这一点也总被孩子们看在眼里。我的三个孩子都结婚了，其中两个现在已婚，而其中一个不幸离婚，但他们都和与自己相互尊敬的人步入了婚姻殿堂，都带着极大的尊敬和这些人相处。

婚姻依旧幸福的两人，一个有两个孩子，一个有三个孩子。他们之间相处得极为融洽，是彼此间最好的朋友。我的儿子娶了一个可爱的女孩，女儿则嫁给了一个很棒的小伙，我们共度时光时，姻亲在一起就像是一群好友。他们很尊重自己的孩子，我们对他们的孩子也同样如此。

他们都希望在被异性善待的同时也善待对方。他们不去说服他人，但是以身作则去影响他人，这样你就能明白，像你说的，以身作则的影响是极为显著的。

汤姆·皮特斯在他的著作《寻求卓越》里说他发现最重要的事就是父母拥有的影响力。孩子们会忽视父母的"言传"，因而父母只需"身教"就能真正改变孩子的心理动态。你可以告诉孩子什么该做什么不该做，但是他们更倾向看着你所做的一切，然后直接效仿。他们会按照你对待你生活中的人（尤其是配偶）的行为方式对待他们自己生活中的人。如果你尊敬你的孩子，你的孩子也会尊敬他人，同时希望被别人尊敬；如果你尊重他们，他们会认为自己值得尊重，同时他们也会认为他人值得尊重而去尊重他人。这是最令人惊喜的事！所以作为行为模范，你的影响力是非常大的。

你劝说他人参与一项没有你的劝说他就不会参与的行为，这叫做说服。人们做事情都是为自己，而不会是为你，因此即使不是从始至终，也要至少在对话一开始时，设立目标，弄清楚人们想要的是什么，并告诉他们你对他们的鼓励或打击是帮助他们实现愿望的最快方法。

丹

你这个区分非常精准，我非常欣赏你这样的区分。我们常常把有影响力和有魅力两者联系起来。你觉得影响力和魅力之间的联系大吗?这两个概念又是如何相互联系的呢?

博恩

这是一个好问题。我写过一本书名为《魅力的力量》，这本书面向全球出版，在世界范围都是本畅销书，共售出数万本甚至是数十万本，具体多少本我也记不清了。和我一起写书的罗恩·阿登在伦敦舞台导过 150 场剧。做导演时，你可能会拿着莎士比亚四百年前写的剧本，为每个角色挑选演员，然后开始进行导演，以保证这出剧是一个全新版本。你受到最糟糕的批评就是："这出剧和莎士比亚上个版本的《李尔王》没什么差别。"

所以你必须选好每个演员并且让他们采取略有不同的方式，必须让这些演员采取略有不同的方式演绎，从而让这个版本比其他导演的版本更有意思、更有特点。在《魅力的力量》一书中，罗恩和我讨论了如何让自己变得温暖体贴、感情细腻，从而让人们喜欢你，认为你富有魅力。如果一个人觉得你有魅力，他就很容易被你这个个体影响，面对有魅力的人，你会对他产生好感、受他影响、喜欢他、偏爱他。回顾戴尔·卡耐基在《如何赢得朋友并影响他人》一书中的绝妙警言，他说过具有魅力、赢得朋友、影响他人的关键在于让他人感到自身的重要性。我们的书里有 35 个章节在讲魅力，讲与人交谈时你能让对方感到自身重要性所能做的一切小事。

有时和言语没有多大关系，你甚至可以一言不发，不去尝试给他人留下深刻印象，也不用我们所说的“间接努力法”。如果你想给别人留下深刻印象，最快的方法就是你先对他人有印象；如果你想让别人喜欢你，最快的方法就是你先喜欢上别人。你对一个人的印象越深，越能发现他的价值和重要性，这个人也就越会认为你有意思、有魅力。这又回到基本规则：谁是所有人最喜欢的人？是人们自己；谁又是人们想得最多的人？人们 99%的时间都在想自己。

一个牙疼的人坐在一堆人中间，但是他想的更多的是牙疼，而不是所有人都围着他，也不是当天电视里的新闻，牙疼占据了他心理活动的 99%。

如何证明自己的魅力呢？其实很简单：让自己变得对他人感兴趣。怎么让自己变得对他人感兴趣呢？你可以问别人和他们自身相关的问题，然后仔细专注地聆听答案，好像无论他们说了什么都很令你着迷。如果你想让别人为你着迷，那你也要为他们所着迷。你可以问其他人的工作是什么这类的，这一系列问题效果太过显著，甚至应当被判违规。你可以说：“你好，我叫博恩·崔西。你呢？“我叫丹·斯特拉泽尔？”“真的吗？丹·斯特拉泽尔？”像这样重复“丹·斯特拉泽尔”这个名字。“丹，你做什么工作？”你回答：“我为国内外联盟组织做节目的录制、写作、编辑和制作。”“哇，那这份工作具体涉及什么呢？你现在在这个领域做些什么工作呢？”另一个好问题是：“你当初是怎么入这行的呢？”接着就是聆听，不管这个人说什么，都只需要听、听、听，直到他讲完，然后你再说：“你之前是做什么的呢？”

这样你就可以用三个问题，而这三个问题就像是让三个圆环转起来。你可以一直问这些问题，因为人们很喜欢谈论他们的职业历程。他们会再多转一圈轮子，说："我是这样开始的。现在我致力于这方面但并没有成功，所以我在考虑做点其他的事。""那接着你做了什么呢?""嗯，接着我们给这些人打了电话。"

每隔一段时间人们就会停下来，因为他们不确定你是否对其感兴趣，不确定你是否只是出于礼貌或有求于人才这样做，所以你应该马上说"接着你做了什么?这件事后，你又做了什么?你想给那些正考虑步入这行的人什么建议?"或者"什么对你进入这行产生了最大的影响?在你做过的成功之事里，你认为哪件可能会对职业生涯产生最大的影响?"只需如此不断反复询问人们的职业，问他们如何开始，做了什么等等。

一个小时后，你就可以说："非常感谢!我并非有意想留你，让你没办法和你想要聊天的人交谈，只是你的生活听起来太令人着迷了，希望之后还有机会能和你交谈。""当然，无论如何都可以。"接着这个人走开后就会说："那真是和我交谈过的人里最有魅力的了，他真有吸引力，和他交谈真有趣!"你可能只是在一个小时里问了五个问题，而你能对一个人产生的影响一定会让你大吃一惊。

如果你之后说："我介绍你认识我的一个朋友"，这个人会对此非常感兴趣；或者如果你之后打电话给他说"我们上次在某某社交场合聊过，我这里有个朋友也在和我谈论你所在的行业，但他还不完全坚定，我在想你是不是可以引导他一下"，这个人会向你敞开心扉，因为你不是尝试着给他们留下深刻印象，而是让他们给你留下深刻印象。

丹

让我们从个人的例子转向工作环境和政治的例子，从将军到CEO，再从企业家到总统，你已经对世界上最伟大的一些领导者进行了详细的研究，那么影响力在伟大的领导力中扮演着什么角色呢？领导者的类型各有不同——内向型、外向型、概念型、分析型、实践型、甩手型，那么影响力起什么作用呢？另外，如果你和指挥领导者的人格类型不同，是否有不同的方式去行使影响力呢？

博恩

我们之前提到过，除非你想要从一个人那里得到什么，希望他们为你做点什么，或者希望他们不要对你做什么，否则这个人不会对你有任何影响力。如果一个人无法以任何方式改变你的生活，那么他对你便不会有什么影响力。例如，设想你走在街上，有个无家可归的人明显精神不大对头，在你路过时对你大喊大叫，而且所有人路过的时候，他都会大喊大叫。这个人对你没有任何影响，因为他无法对你或为你做任何事情，同样，他无论如何也都无法帮助你或伤害你。

因此，只有当他人能给我们或为我们做某些事，又或是能为我们阻止某些事之时，我们才会被这个人说服或影响。我们说组织中有不同形式的权力，其中之一就是“职位权力”。具有职位权力的人可以对我们产生巨大的影响，同样的道理，这是因为他们有能力对我们或为我们做某些事，或者为我们阻止某些事的发生。

这就解释了这样一个故事：新老总刚被任命，所有“见风使舵”的人便立即去讨好他了。老总周一早上到公司时，发现其他员工很早就到了，见到老总都是一脸的喜笑颜开。他们为老总端咖啡，问：“我怎么能帮助你？我能为你做些什么？你需要些什么吗？”或者立即表明自己的身份：“我是这家公司的顶级销售员，我的销售额比其他所有人都高，而且这些人都已经工作了六个月或八个月了，所以我通常是在这个办公室销售额的关键因素。衷心期待与你共事。”

你想让老总参与到你自我发展的进程中来，因为他有权力，可以分配办公室，可以让你不穿制服，还可以给你休假时间，所以他的职位权力非常大。你可能和这个人素未谋面，你以前从未见过他或和他说过话，但因为其职位，他对你产生了影响。他有了这个职位，就能做支持或反对你的事，也能做帮助或伤害你的事。

如今人类把重点放在了权宜之计上，最深层次的权宜之计首先是安全：你希望得到安全，特别是在工作中的安全。第二个层面则是保障。我接管了公司，担任许多高级职位（包括被聘为总裁）时，我立即察觉到一点：所有人都已经意识到我掌控着谁坐在哪个办公室、谁干什么工作、谁去参加会议以及谁拥有分配到的职位。此外我也意识到因为我有能力以某种方式帮助他们或伤害他们，所以人们在争夺我的青睐。这很正常，因为相当一部分的影响力都源于你的职位。

另一种组织中的权力被称为“归属权力”，在其中，是别人都认可你非常擅长做现在所做的事。大家都认可的能力强的人通常是具有吸引力并保持最大权力的人。因此，你可以拥有不同类型的权力，但在所有情况下，这种权力是个体相信你能以某种方式帮助或伤害他们，让他们得益或受损。

丹

如此看来，在这两种影响中，更持久的是归属权力，因为一旦你的职位因任何原因被罢免，你就会失去那种影响力，但如果你有归属权力，那你就是为人所知的那种样子，本质上它和你是如影随形的。你认同这种说法吗？

博恩

认同。例如，最近我们的总统竞选动态发生了一些变化，2016 年 11 月 8 日之后美国历史上发生了最令人难以置信的一周。在美国有相当多的人，可能至少有 1.5 或 1.6 亿人，而全世界有数亿甚至数十亿人都坚信最终当选的这位会因对方压倒性的优势而落选。他们对此深信不疑，所以他们当时制定了相应的计划，传递他们认为会有的权力，出售、营销当时相信会拥有的影响力，这都是因为他们本想着在 11 月 8 日之后的总统竞选动态变化中能得到有权力的职位。

到当天结束时，或是第二天一大早，整个竞选游戏彻底翻盘了，从 11 月 9 日凌晨 2 点 35 分开始，计票数量变得完全不同，对于大多数人来说，一个完全出人意料的人当选了美国的总统，这颠覆了所有人的想法。如今，整个国家以及世界大部分地区的所有影响力和说服力都以令人震惊的方式发生了变化。人们只是感到震惊，然后选择了备用方案，那些曾经坚定地持这一立场的人如今又坚定地持另外一个立场了。

这几乎是最神奇的事情了，因为所有的权力都瞬间转移了。在几个小时内，当人们看到选举图时，他们意识到 1.6 亿选民的梦想、幻想、希望和愿望突然发生了变化——永远改变了，也永远破灭了。后果就是他们的生活、职业、家庭、工作、职位以及他们的晋升和收入以及其他的可能性在至少四年都将完全改变。这确实是件很了不起的事情。

这种情况发生的速度可能非常快。你今天在看到公司由于现任 CEO 做出了一些导致巨额损失的错误决定陷入了困境，于是董事会介入并任命了一位新主席，再任命了一批新人，那所有其他现任当权者就立刻全被逐出门外了。

现在整个公司都变得不同，它由不同的人经营，而这个人的团队如今运营着公司的一切。昨天你还是坐在核心位置的大玩家，拥有一间坐着很多员工、放着很多其他东西的大办公室，今天却一无所有。你的影响力也随之一夜蒸发，因为你已经无法做支持或反对别人的事了。

我的朋友丹·肯尼迪是个非常聪明的营销人员，他曾说过："当你爬上成功的阶梯时，要留意你脚下的人，因为当你要坠落时，他们一定会拿着出鞘的匕首等着你。"丹还有另一句精辟的话："人的一生中，朋友你来我往，但敌人千积万累。"

这是我听过最好的两个见解，但如果你想谈论影响力，那就成为那种人们知道自己可以百分之百信任的人吧。他们知道无论对你说什么——即使他们不说"这真的很机密"——你也永远不会告诉任何人，他们说的这句话也永远不会再传回到他们的耳边。影响力的一个有趣部分是人们对你的信任，我记得彼得·德鲁克说过，归根结底，最重要的就是可信度，就是信任。人们越信任你，越喜欢你，他们就越愿意为你敞开心扉。人们问的第一个问题便是："你能相信这个人吗？"

丹

在我们的文化中，信任几乎是一种货币，而我认为它甚至比货币有价值。在我们今天生活的世界里，互联网上谣言四起，人们在社交媒体上歪曲事实，因此值得信赖的影响力可能比以往任何时候都更强大。

博恩

你在生活中取得的一切，都是由于有其他人的成果才得以实现的。你生命中的每一个转折点上，都会有人站在那里。一个人会为你打开一扇门，或者你会打电话给某人，他又打电话给另一个人，然后这个人为你打开一扇门，因此，你的声誉在职业生涯中是最重要的。哈佛商学院的西奥多·莱维特多年前写了一本名为《营销想象力》的经典之作，作者对领导力有很多有趣的见解，因而我认为有必要也有充分理由去读这本书。

而他所说的其中一点就是公司的诚信或声誉是其最有价值的金融资产。他说："产品和服务可以更新换代，高管人员可以来了又走，财务状况可以时好时坏，但声誉，也就是人们用来形容你公司的词语，是持续不变的，几乎像常数一样长久地存在下去。这就像你家的屋顶和墙壁：你可以更换家具、灯光和色彩，但基本的骨架是不会变的，而这个骨架就是你的声誉。"

公司必须小心谨慎地对待要做的无论任何方式可能影响其声誉的事情。我开始问观众："决定你销售和盈利能力最重要的因素是什么?"答案是你的产品质量，产品质量比其他任何单一因素都更能决定你的销售和盈利能力。这是人们在消费后，有时甚至在此之前对你公司和产品在市场上的评价，85%的人因为口碑好而购买产品。市场上某人已购买且使用过该产品后，给了它好口碑，说了这个产品很多好话——"这是个不错的产品。它很棒。真是非同凡响的。”

那么人们在你背后说些什么呢？每个人都在其他人的思想和心中占有一席之地；贵公司的每个人都对你的身份有自己的想法。我们想起了丹，想起了博恩，想起了维克，想起了别人；我们立即看到了这个人的照片；我们想到这个人与我们的互动，想到他们做过什么，没做过什么。所有这些想法汇集在一起，然后形成对这个人的一种看法，而这就决定了我们是否从这个人手里购买产品，是否与他会面、接听他的来电、雇用他、给他升职、关注他、尊重他等等。

我要教的另一个规则是：一切都很重要。如果一切都很重要，那么你在客户体验中所说或没说的一切，所做或没做的一切都很重要。所以你必须问，作为一个人你的声誉是什么？你公司的声誉是什么？单个产品的声誉又是什么？例如在麦当劳餐厅，巨无霸的声誉与麦香鱼、沙拉或薯条的声誉有所不同，它们各自都有非常明确的声誉，如果人们之前没有买过，声誉在很大程度上决定了人们是否会买它，是否会再次购买它，是否会把它推荐给朋友。

丹

因此，在培养影响力技能方面，你会更加关注声誉的提升。此外，当你掌握这种影响力时，你向别人传达的任何东西，无论是销售，与孩子沟通道德价值观，还是与你的配偶沟通，都会更有效。否则就算你整天沟通，也不一定能奏效。

让我们具体聊聊让影响力技能成为习惯性思维和行为方式的关键原则或步骤吧。这本书叫作《影响力观》，它像生物学这样的科学一样已经有了可靠的、可重复的、可预测的结果。那么博恩，在影响力这一话题里，你是否学会了一些同样铁定不变的步骤或原则呢？罗伯特·西奥迪尼的著作《影响力》是一部经典之作，其他人则提供了关键的原则或步骤，如果将其付诸实践，它们会为人锻炼这种影响力技能提供一个非常有利的开端。

那么，博恩，你能列出一些具体的影响力原则，并谈谈一个人如何将影响力原则作为思考和行动的方式吗？或许你会想提到罗伯特的书，和我们讨论一下他在这本开创性作品中概述的重要见解。

博恩

罗伯特的作品非常优秀，我来谈谈其中最受欢迎的一些概念。首先是“互惠法则”，如果你为我做了某事或伤害了我，我会觉得我需要回报；如果你为我做了好事，我会想做好事回报；如果你买了午餐的单，我就会买下次午餐的单；有时候如果你买了午餐的单，我就会买下次晚餐的单。有时一个人会做得比另一个人多得多，因此并没有实际对等的互惠。

人们有时会谈论播种和收获，因为无论何时，在你为别人做好事时，就种下了让他们为你做好事的种子。把割草机或汽车租给他们，或是帮他们拿东西，送他们到某个地方等等，这些让他们在内心创造了回报的渴望，会让他们觉得欠了你人情。大约95%的人不喜欢欠着别人的义务感，因此他们会找一种方式来偿还你，这就是为什么最聪明的人总是在寻找给其他人一些小恩小惠的方法。

我昨天刚看完了八小时完整版的《教父》系列电影，电影介绍了主人公作为一名移民如何来到我们国家，并在意大利社区工作、帮助人们。他帮助了一个需要为小猫小狗找栖身之处的老太太，在社区附近做了一些小事，并帮助了别人。然后他转头回去说："我曾在这帮过你，你会帮我吗？"于是他们便反过来帮他，很快他就建立了一个人情网络，到结束时，他控制了纽约一半的法官。对于所有这些人来说，主人公在他们女儿结婚时做了一些对自己女儿有益的事，或者曾经在一项立法，一项法案或者一些经济支持上提供过帮助。

他将把所有这些人都"收入囊中"，因为他会说："我可以帮你做这件事，也许将来某个时候我也会请你帮忙，你也要帮我。"如果教父为你做了一件好事，那么有一天他可能会要求你做一些事，也许会，也许不会，这都可以理解。而他恰恰是因为这样才成为了纽约最有权势的人，这也正是互惠的整体思路。

每当你能为一个人做点好事，给点帮助，哪怕只是做些小事：帮忙从商店捎点东西，把汽车或房子借人用用，甚至临时借给他人点钱，这样的小事会在时机成熟时给你回报。根据对权力的研究，最有影响力的人，那些不控制其他人的最有影响力的人，都是为他人做过事、帮助过他们的人。反过来，这些人在潜意识中也往往倾向于帮助他们。

另一种形式被称为“希望和梦想触发器”。如果你能确定一个人有想要实现的希望和梦想，那么你就能帮助他们实现希望和梦想。就在最近，我遇到一位女士，她的一位朋友在大学工作。这位朋友的考试需要帮助，而这位女士在考试中帮助了她的朋友，于是这位朋友通过了考试（不然她本来及不了格）。后来这位女士的女儿在这所大学就读，想要转学到大城市。学校说：“不，我们做不到这件事，这是一个政府学院系统，而且你的女儿住在离首都500英里的远方。”

这位女士打电话给她的朋友把遇到的这些问题告诉了朋友，这位朋友说：“我认识一个认识某人的人。”他们去找了注册办公室的某个人，注册员把一沓文件翻来翻去，最终把她的女儿从那所远方的大学转到了大城市的重点大学，她对此欣喜若狂。所以说，帮助人们实现他们的希望和梦想，他们也会帮助你实现希望和梦想。

另一个心理影响的过程称为“承诺和一致性”，它说的是人们最开始对任何一种事业很少或根本没有承诺，但人们会逐步渐进地许下承诺。

其中一例便是政治竞选活动。一位竞选者在街上走来走去，问：“你能为这位候选人在草坪上放块巨大的广告牌吗?”这个人说，“不，不，不。我不认识这位候选人。”或是说“那会搞乱我的院子。”然后竞选者说：“好吧，好吧，那你能贴一张写着‘支持乔进入市议会’的小贴纸吗?”这个人会说：“当然了。”于是他们就照做了，两周后，竞选者回来说："竞选活动进行得非常顺利，你能张贴一张稍微大一点的、上面写着'支持乔'的标识牌吗？""可以。"两周内这个竞选者又回来了说："兄弟，你功不可没，是个真正的好市民，你在帮助这个社区的居民，让你的立场为人所知。你愿意立一块广告牌吗？""没问题。"

六周后，这家伙在他的草坪上立了块支持乔的广告牌。他的第一反应是绝对不行，说一千次也是不行。然而，随着时间的推移，经过一点点的允许，一点点的重申和一点点的要求，他做出了巨大的承诺。这就是为什么一开始你可以向人们寻求小贡献，接着他们就会给你更大的贡献，然后越来越大。

另一种强有力的影响方法称为"社会认同"。社会认同是指支持你立场的其他人，这被认为是所有影响力中最强大的一种。你说："你会支持这项特殊的事业吗，或者你会买这个特定的产品吗？"这个人说："不，不，我对此毫无兴趣。我买不起，不想要，也不需要。"你说："好吧，你知道你隔壁最好的朋友已经买进这个产品，并且已经支持它，为此做出了贡献吗？他说你是人很好，应该也会支持。"接着他会回答说："哦，我最好的朋友，和我一起上学的那个人，嗯，如果他说支持它，那我也支持。"如此一来，因为这个人认识的另一个人，这件事就有了一个 180 度大转弯。

这就是为什么那么多公司请知名的体育人物来宣传他们的产品：尊重体育人物的人会觉得这个产品、服务或事业也很不错。

很多人说迈克尔·乔丹出现在篮球场上就能产生超过十亿美元的销售额。他不用说话，拍打篮球，哐哐哐，接着开始投球，球精准入框，广告开始说：“迈克尔·乔丹，耐克鞋，只管去做。”人们问他：“你年复一年地收全部这些广告费会感到内疚吗?”他说：“完全不会，如果他们卖的鞋子数量比不上支付给我的特许权使用费，他们也就不会这样做了，这只是一个商业决策。我的名字在购买乔丹系列球鞋的人中备受尊重，所以现在他们称之为 AIR JORDAN 系列球鞋。我只是穿着鞋子拍了拍球，但这足以让他们卖掉价值数亿美元的鞋子。”

因此，有了这种社会认同的理念，面对许多极力反对某一行为的人，只需说明他们认识并尊重的人已经在做或提出要做这件事，他们就会来个 180 度大转弯，改变原本的主意。这些都是影响人们非常有效的方式，比如说：“哦，你知道某某人正在做这个，或者某某人是其中的贡献者，某某人正参与其中吗?”

另一种形式的影响称为“权威”。权威的力量非常强大，当你看起来很有权威性，并且你也把自己看成社区中备受尊重的权威时，便有了权威。例如，医生建议你使用药物时，你说：“某某医生是我妻子的医生，在这个行业已经工作多年了，他向我们这行的每个人都推荐这个。”或是“他向我的妻子推荐了这个。哦，好吧，如果医生推荐的话，……”

研究中还出现了另一个非常强大的影响因素。假如一个病重的人确信自己要死了，并且已经放弃治疗，他不再与病魔抗争，也没有任何抗拒的意志。如你所知，大约 50%的现代医学都是安慰剂，所以如果你自己都相信自己要死了，那么你很可能是对的。于是他们找了医生对病人说：“好消息！在你的病症这方面全国最权威的专家今天来我们医院会诊，他同意和你见面并和你谈谈，并为我们分析你的病情。”

专家进来了，其实这是一个演员，但他穿得像个医生，穿着件白色工作服，拿了一个听诊器，一张图表和其他东西。他做了全方位的医学检查，对另一位医生说：“医生，我要和你谈谈。”他把医生带到房间外面，走了大约五到十分钟。之后病人的医生回来说：“哇，我们得到了一些好消息。这位医生，这位从来没出过错的医生，说你刚刚到了病情的转折点。从此刻开始，你将变得越来越好，而且在几周内你就能出院，恢复正常。”“哇，听到这个消息我真很高兴。你真的这么认为吗？”“当然了，这是我们国家最好的专家，他的诊断从来没出过错。如果他说两周后你会身体健康，离开这家医院，那一定不会错。”所以说这是一种非常强大的社会认可和权威形式。

另一个是形象和外观，在销售和营销方面，我与上千人交谈过。其实，上个月是我人生中最成功的一个月，我一个月内在 12 个国家举行了 18 场集会，遍及欧洲、中东、亚洲，可以说无处不在，观众每场有一两千名。我在这场“游戏”中很早就了解到了服装和外观的重要性。

我的一位客户正在谈论他们请来发言的这位大名人，这个大名人非常傲慢，他穿着牛仔裤，T 恤和网球鞋，与约 800 名作为观众的企业主交谈。他来了后，表现得很自以为是，四处宣扬自己的想法，好像只有他是个伟大的天才，其他人都是平庸之辈。他也没有努力给观众留下深刻的好印象。他就像一个人坐在廉价的酒吧里一样随意坐在凳子上，挥舞着手臂，谈论自己有多聪明，以及经验有多丰富。他当时才 29 岁，而观众席中企业家的平均年龄大概是 45 到 50 岁。

我的客户说这太不合适了。他说，这个人完全没有花心思像商人一样穿着，像商人一样说话，把观众看作是高素质的商人，而实际上这些商人是这座城市商界的顶尖人物。他说：“他和你之间的区别就像是白天和黑夜之间的区别。你看起来非常棒，就像刚从时尚手册中走出来一样，因此，当你站起来说话时，人们会觉得这个人真的明白自己在说些什么。”

这在今天是个问题。许多人在 20 世纪 90 年代和 21 世纪初期长大，当时正值伟大的高科技浪潮，人们穿着汗衫工作就能赚个几百万美元，于是人们开始想：“即使我不成功，我穿得也可以像个流浪汉。”但他们没有意识到那些穿着像流浪汉的人已经成功，已经在风险投资中筹集了数百万美元，已经在楼下的停车场停了好几辆奔驰，所以他们才可以随意穿着。

而今天大多数人都没有随意穿着的权利，因为他们都还没有成功。因此，任何人，包括同龄人，都不会尊重衣着不整的人，这些人只会和朋友在办公室闲逛。

在纽约，人们发现公司只有在两种情况下才会允许员工随意穿着。第一种情况是员工待在幕后工作时，因为这些人在前台不会有前途，公司也不希望这些人遇到客户。第二种情况是为了抵换加薪，这样一来，公司就可以不给员工加薪，而是让他们过个“休闲周五”或者“搞怪周五”或者无论什么活动。公司允许员工随意穿着，但限制就是不再加薪。

如果去硅谷上班族的办公室看看，你会发现他们平常工作时穿着很随意，但无论何时，更衣室里都备有西装和领带，一旦有银行家到访，他们会立马换上西装，打上领带，与银行家和风投家见面。只有在这些人离开后，他们才又穿回自己随意的休闲服装。

许多年轻人从来不知道这一点，但如果你想成功，那就要像成功人士一样穿着。你可以看看商业杂志，看看《福布斯》、《财富》和《商业周刊》，然后学着这些杂志中的高管一样穿着，穿得好像你就是他们中的一员。这样做，人们就会开始被你吸引。他们想围在你的身边，想要和你说话，想要了解你，因为如果你看起来像成功的人，物以类聚，人以群分，你们就该待在一起。

这是我们发现的最重要的因素之一：形象和外观。请记住你所做的一切都可能对你有利或有弊。一切都很重要，一切都会增加并建立你的可靠度和可信度，又或者是毁灭了这两个度，所以你必须要下定决心。

丹

博恩，有没有研究或者新突破——跳出罗伯特·西奥迪尼对新心理学研究、神经语言学编程（NLP）、肢体语言、神经科学的作品——现今有没有一些可以增强某人影响力的突破性进展？你可以分享一下你最近在这个主题相关方面学到了什么吗？

博恩

我一直都会看《华尔街日报》《商业周刊》《福布斯》《财富》和许多其他商业出版物，包括《公司》和《企业家》。曾几何时，一个正在成长的年轻人下定决心要在商界做出一番成就。这个年轻人的父亲是个商人，订阅了这些刊物，因此，在这个男孩还是青少年时，他就阅读这些刊物，并且把人物的照片和传记剪下来。他做了一本通用电气总裁、《福布斯》总裁、通用汽车总裁的剪贴簿，并把这些人当作偶像。在其他人还在收集棒球卡和流行歌手的照片时，他把这些商人的人生小记收集在了一起。他先通读这些文章，然后把有关这些人所做事情、开始时的情况及自我提高的摘录剪下来。

这个男孩开始将成功商人的照片作为精神食粮，用来丰富自己的思想。他读到他们的故事，了解到他们的背景、就读的学校和兴趣，了解到他们如何打高尔夫，如何打网球。他开始想象自己是这些人中的一员，并在其身后模仿他们。最令人惊奇的事情发生了：他从大学毕业后去了一家世界 500 强工作，尽管之后又去了家小公司，但是他一直在研究世界 500 强企业和这家公司，因此他对这些公司非常了解，而且他发现自己被那些指导他、照顾他的高管深深吸引着。到 35 岁时，在他职业生涯大约走过二十年时，他成为了一家世界 500 强的高级副总裁，在同行中备受尊敬。他衣着职业，也按照职业标准培养塑造自己，阅读了所有涉及如何使自己更受尊重、更有影响力的文章和书籍。他说，从十几岁开始，他就下定决心要坐在董事会会议室。在40岁时，他成为一家世界500强的总裁。他说模仿那些有影响力的人这一点很重要——“我关注他们做了什么，关注他们的生活方式，关注他们的衣着打扮。”

我建议大家做同样的事情。我在24、25岁时开始做投资时，被一位年长的先生带到旁边，他对我说：“博恩，你能接受我对你着装的一点小建议吗？”我出身贫穷，一身都是便宜货。我有套西装，但它是巴基斯坦裁缝做的，实际上它的内衬里还放了纸板作为缓冲，所以西装在中间是折叠着的。简直太糟糕了。他说：“你需要一套袖长合身、摆长合适的西装。”

我还记得他带我逛了逛，逛完后，我扔掉了自己的几件衣服。他带我去找了一个礼服裁缝，为我量身定做了一件合适的西装。轻易地花费了一般西装三倍或四五倍的成本，但它看起来很漂亮。之后他又为我做了件合身的衬衫，接着是适合西装和衬衫的领带，搭配休闲裤的鞋子，长度刚到脚踝的黑袜子、黑色皮带，以及搭配外套口袋的手帕等。搞定这些后，我看起来就像一个真的成功人士。

我拜访的还是那些人，还是在为财务计划和共同基金做展示，但接下来几年我的销售额上升了十倍。人们把我介绍给他们的朋友和客户，为我打开了大门。他们可以很高兴很自豪地把我介绍给其他人，因为我看起来很不错，而我也意识到了这一点。

环顾其他看起来很穷的人，无论是年轻还是年长，有时他们的胡子忘记刮了，有时他们的鞋子看起来像被车碾过一样。可以看到，他们的衣服不合身，领带的长度和衬衫及外套不搭配，西装是从二手货店买来的。着装不是帮助我的唯一一点，但却让我逐步提升。人们用不同的方式对待我，为我打开大门，邀请我在他们的俱乐部共进午餐，还给我预留了位置。一环扣一环，仅仅是外表看起来不错，就对我的生活产生了非常深刻的影响。人们没有意识到，你对人们的第一印象中95%源于你看到的外表。

人们会说："大家不应该以貌取人。"但这里有两点——首先，是"你"在决定自己的外表。你选择了自己的衣着和妆容来向世界发表声明："我在这里，这就是我，我就是这样的人。不管你要不要我，我就是这样的。你看到的就是你能得到的。"是"你"做出了这个选择。因此，如果你选择让自己看起来就很穷酸，那就不能怪他人按照你要求他们评判你的方式去评判你了。

第二个点是你也会以同样的方式评判别人：你对他人也是以貌取人的。你会说："哦，不，我很中立，我很了解他们的个性和性格。"不，你并不了解，因为你没有时间。大多数情况下，我们会在五秒内对一个人进行评判，而第一印象却很持久。我们评判一个人时，只有五秒钟，所以一切都很重要。因此，当你外出销售给别人打电话，而且是像我一样毫无预告地打电话时，你绝不能给人留下不好的第一印象。你绝不能让那个人不想理会你，再也不想看到你或跟你说话。正如医生所说，必须至少要做到无害，至少要做到无害。

丹

没错。因此，如果我们的穿着不得当，如果它减损了我们想传达的讯息和我们影响他人的能力，那么我们就会变得不那么有效率了。我们希望自己的着装能够增强自己的影响力。

第二章

有影响力之人的十大品质

丹

博恩，我们已经为大家简要介绍了一些影响力最重要的原则，谈到了为什么大家应该对这个话题感兴趣，以及大家的人生将从中获得什么好处，也谈到了影响力的基本原则。现在我们来谈谈有影响力之人的十大品质吧。

虽然有影响力的人在收入水平、种族、性别、背景和个性风格等方面都各有不同，但他们却都共同拥有十大独特品质。如果你意识到需要提高自己在工作、家庭或社区的影响力，却不确定从何开始，那最好的选择就是从学习这十个品质开始。意识是积极变化的第一步，你刚刚也一直在谈论这个问题。正如常言所说，所有成功者都可以从模仿其他的成功者开始。

博恩，我想在本次研讨会中为人们提出一个参考框架——一个概述最有影响力之人共同特质的参考框架。那么接下来，我们会逐一介绍每个品质，然后描述其最核心的内容，并就其与影响力的关联提出一些如何培养这些品质的观点。

抽象的概念和可操作的思想之间存在着巨大的区别。我会给出这十大品质的抽象概念或原则，然后博恩会将其转化为可操作的步骤，这些步骤将改善各位自身或其他人的生活。

那么，第一，有影响力的人都善于沟通。

博恩

说到善于沟通，我们说的是一对一和一对多的沟通。彼得·德鲁克说，经营管理人员有三种工具。第一个是一对一对话；第二个是一个人与两三个人之间的小组对话，在这种对话中你会和两三个不同的人对话；第三个则是你站着进行的展示。

爱德华·班菲尔德博士在哈佛大学进行了一项为期 50 年的研究，研究了社会经济的上行流动：人们如何在职业生涯中逐步提高收入水平？如何加大增长坡度，让每年将收入增加 10%，或 20%，或 40%，或 50%，而不是增加 5%或 10%？所有这一切都将取决于你对其他人的影响力。班菲尔德发现，成功人士想的是未来的五年或十年，并在短期内做出巨大牺牲，以便在长期内获得更大的回报。

举个非常简单的例子，我的一个朋友不会讲英语，移民到了美国。他去了北卡罗来纳州的一所小型学校，找了份洗碗的工作，每个月赚一百美元，住在一个小房间。有人告诉他："如果你想在美国取得成功，那就每年都买套房子吧。"他住在北卡罗来纳州夏洛特市这样的大城市，在那里买套房子要花一大笔钱，可他什么钱都还没挣到。人们说："走出夏洛特市，去找个小镇。这座城市在不断发展，会随着时间的推移而扩展的。"

于是他向外走了 25 英里、75 英里，找到一个有些建筑地段的小镇，花了25美元买了块地。这是六七十年代的事了。他每个月必须交1美元左右，这占了他的洗碗工收入的一大部分，但这在他的能力范围内。同时，他也调整了自己的收入。他努力工作，洗锅碗瓢盆，第二年买下了第二套房产。

他从16岁开始，年复一年地做这件事，每年都会买一处房产。各处的房产增多，他要么卖了，要么租出去，要么继续建造。随着房产价值的增长，他也变得更聪明更智慧。他上次的大花销是在佐治亚州买了一座价值35万美元的购物中心。现在他非常富有，是一所大型大学的校长，也是一家全国公司的总裁，但他最初的想法只是每年买一小处房产——无论买得起什么——然后为了还款工作一整年。你做的一切都要具有所谓的“长期未来”。

要成为一个善于沟通的人，最明智的选择之一就是加入国际演讲会或演讲者协会。国际演讲会很好，戴尔·卡耐基也很好，因为他们会教你如何站着讲话，如何起身与他人交流，也会教你如何展开对话，如何赢得朋友并影响他人。

国际演讲会能教你如何站起来并进行简短的谈话，随着时间的推移，你会不断培养侃侃而谈的能力。最美妙的事情是，你站起来的自信心越强，你和小团体里的人交谈时的自信心也越强。在六个月内，你会发现自己面对个人或小团体时的自信心更强，讲话也更流利。由于吸引力法则，你会向其他团体发言的机会。有人会问你：“你能为了这个给市议会演讲，或为那个给退休人员协会演讲吗？”你会给出肯定回答。

之后，人们会认为你讲话非常自信，这点会帮助你结识陌生人，为你打开大门。人们会邀请你去他们的俱乐部和协会，你会有更多的社交机会。这些人会雇用你、宣传你并将你推荐给其他人。但是，从未来五年或十年开始思考并从现在开始上课学习成为一名优秀的沟通者是需要长远眼光的。

你可以读读有关沟通的书籍，比如罗伯特·西奥迪尼写影响力的书、戴尔·卡耐基的书、厄尔·奈廷格尔的书以及其他人们公认善于沟通者的作品。你也可以听听以沟通闻名的人做的音频节目，并向他们学习如何展开对话，如何让自己变得好玩、有趣且有说服力等等。

埃尔伯特·哈伯德是美国史上最伟大的一大作家，其作品颇丰。实际上，他创办了自己的出版公司。我读过一些他的书，他会针对拿破仑战争或其他类似事件写下十本、十二本或十四本书组成的完整系列丛书，书中会包含令人难以置信的细节。所以，他无法靠其他个人出版商，必须要有自己的出版公司。人们总是一遍又一遍找他说："哈伯德先生，我怎么才能成为你这样成功的作家呢？"他说："学习写作的唯一方法就是不断地写、写、写，写了再写。"人们会因此大笑。而后来他又说："学会成为优秀演讲者的唯一方法就是说话、说、说，说了再说。"

只坐在家里看电视，是成不了一个善于沟通的人的。你必须走出去讲话，你必须加入协会和组织并定期去参加他们的会议，你必须向人们介绍自己、与人交谈、站起来做出评论并变成人们口中的善于沟通者，因为这会为你打开更多的大门。

在我加入的全国演讲者协会里，我编了这个笑话——"当你站起来好好讲话时，人们会觉得你变得更聪明了。"这是件要记住的好事：当你能够站起来说话并且机智地评论，甚至支持某人的论点时，人们会认为你比真实的你更聪明，并且像遵从宇宙法则一样为你敞开大门。

沟通技巧的精彩之处在于它都是可以学习的，你可以学会成为一个优秀的沟通者。怎么学会讲话呢？就是说、说、说，说了再说。

有影响力之人的第二个品质是真诚。他们总会说出大实话，但这并不意味着他们会得罪别人。我有一个为人真切诚实的好朋友，但他却一点也不圆通——无论他认为某人的某事或对或错，他都会批判这些人。他说："我只是说了实话而已。"我说："不，你不仅说了实话，你还莽撞行事，伤害了别人的感情。""好吧，我撒不了谎。"我说："你用不着撒谎，但你可以选择闭嘴。"

本杰明·富兰克林曾说过他是如何改变自身总体性格的。多年来，他直言不讳，实际上还非常争强好胜。他总是咄咄逼人地与人争论，认为对话中最重要的事情就是获胜：如果你要进行对话，你就该获胜。最后有人把他拉到一边说："听着，讨人喜欢要比什么都对更好。"他以前从未听过这样的观点，他总觉得如果你聪明伶俐，那你就是对的。这个人说："不。别人出错，尤其是在一个小问题上出错，又会有什么关系呢？放过他吧，不要再管他了。"

因此，富兰克林不再反驳他人，而是问他们："这观点很有意思，你为什么这么想呢？"他不再和别人争吵，而是胸襟开阔地说："请告诉我你对这个问题的看法，这样我才能更好地理解。"富兰克林曾说，对手变朋友的速度快得让人惊讶——听了他的话，人们会说"我来给你解释这个，解释那个，我给你拿一本我读过的书"等等。

富兰克林常常发现自己的想法完全是错的，而其他更聪明的人有更好的想法。他所学到的心胸开阔和灵活处事这两点非常好，这也让他成为美国殖民地中最受欢迎和最有影响力的人之一。人们都说，他明智、尽责和友好的天性是美国联盟形成的关键因素。促使发表独立宣言等的辩论之所以能够发生，是因为本杰明·富兰克林的明智、和蔼以及强大的沟通能力。

我的经历也很相似，我曾决心在所有对话中获胜，但对我帮助最大的是说："从现在开始，就算我知道自己是对的时候，我也不再发表声明，而是一直问'这个怎么样，那又怎么样？你觉得这怎么样，你觉得那怎么样？'"我要邀请他人解释他们的想法，然后仔细地聆听答案。

丹

你说的这一点，即带着风度和理解说出的实话，在今天非常切题。如今无论是在政界、有线电视节目，还是在网上，人们都在互相大吵大闹。他们认为："我说的都是真诚且真实的。我要这里获得一席之地，我的力量越大，这个说法就越有效。"实际上，这种做法像是大炮乱炸，你真正需要做的是带着风度和理解去传达信息。你还是可以说，还是可以做到诚实、真实，但方式可以更加优雅。我认为这个信息在当今非常重要。

博恩

此外，永远不要挑战他人。我曾经犯过这个错误，我说：“你可能考虑过，但实际上还是错了。”我发现，你给另一个人说的最糟糕的事情就是他们错了，因为这会让他们完全失去兴趣。但即使对方错了，如果你不去挑战他们，他们也会自己退出自己的位置。

有句精妙的话说：“一个被说服违背自己意志的人是不会改变想法的。”即使因为你有压倒性的证据，确确实实地赢得了争论，但这还是无法改变对方的想法，只会让对方讨厌你。你还会吃惊地发现，这个人能在关键时刻对你的未来产生极大的负面影响，他们可以插一脚进来说：“这是我报复这家伙的好机会。”

例如说你正在申请贷款。某人可以说：“嗯，我不会说他不诚实，因为我没有任何证据可以证明这一点，但我也不会说他诚实。”这样的小事可能会毁了你。

丹

没错，确实。所以前两个品质是：有影响力的人善于沟通而且都很真诚。第三个是有影响力的人都以目标为导向。请你谈谈这一点，谈谈为何它不仅是一个有关愿望的事情，而是一个真正有关人们想要实现的目标的具体事情。

博恩

我在 24 岁的时候有了自己目标。当时我在和别人同住的卧室地板上睡觉，在一篇旧报纸或杂志上读到一篇文章说："要想成功，先设目标。"我拿了张纸，写下了十个目标。后来我弄丢了那张纸，也弄丢了那篇文章，但因为写下的目标很荒谬，所以我一直都记得那些目标。十天后，我实现了所有目标。当时我每月的收入可能只有一百美元，只能勉强维持生计，所以我写下了月入一千美元的目标。由于我发现了新的销售方式、新的电话沟通方式以及新的成交方式，我一个月真的赚到了一千美元。

之后因为我是公司的金牌销售员，我当了经理，公司让我培训并管理其他人。突然间，我的整个生活开始发生变化，就像砰砰一下，在一个月之内就发生了变化。我对目标感到激动，所以拿了个板子，开始写目标，又列出了为实现目标能做的事。然后我开始回顾列表，开始每天做一些事情来实现目标。

人们说幸福就是逐步实现有价值的理想或目标。换句话说，每当你觉得自己在一步步走近对你很重要的事情时，你会感到更幸福感、更有能量源、更有创造力、更有积极性。所以，请写下目标并为其努力吧，这会让你成为一个更积极和更有影响力的人，因为就像一艘船拖着一堆其他的船，你开始拉着每个人走向前方。

当你开始工作并实现了一个目标后，你会开始实现其他目标；当你实现了其他目标后，你会开始获得更多的精力和信心，这又会让你想要设定其他目标。

因此，当你开始设定目标，为其努力并取得进步时，你会感到越来越幸福。幸福的人会比消极或中立的人更有影响力，因此拥有明确目标不失为一个变得更有影响力的好方法。一个知道自己想要什么，日日为其努力并且有上进心的人比一个只会闲逛的人更令人印象深刻，更有影响力。你进到办公室时，已经安排好了今天的计划，整装待发，随时准备开始工作。哇，那会让你大有不同。

所以我鼓励人们设定目标，我自己设定的目标也越来越多。如今，我的书至少有 22 种语言版本，在全球都是关于如何设定和实现目标最畅销的书。来自世界各地无数的人告诉我，我在目标设定方面的作品——音频、视频、工作簿——让他们变得富有了。在读我的书或听我的音频节目之前，他们在外漂泊多年，而当他们按照指示行事后，生活发生了变化：他们的收入增加了，他们的家庭改变了，他们的赘肉甩掉了。他们的一生都发生了深刻的变化。

建立自信最快的一个方法是列出你想要实现的所有目标。列出十个你想在明年实现的目标，问自己："如果我实现了目标，哪个目标对我的生活会产生最积极影响？"然后仔细检查并选择一个目标。假如这个目标是有保证的，把它单独写在纸上，再写下为实现这个目标你能做的所有事，然后问自己："在实现这一目标的所有事中，哪一件的帮助性最大？"

现在，你便有了最重要的目标和最重要的活动，你要采取行动完成最重要的活动，并且每天忙于这项行动。这件事我已经实践了几十年，对我来说它非常深刻，可以非常深刻地改变你的人生。如果照做，你几乎可以立刻注意到这种差异。当你开始努力实现目标时，你便开始吸引你生活中的人、环境、想法、能量来帮助你走向目标，同时也帮助目标走向你。这是最美妙的事情，所以有影响力的人都以目标为导向，我们无法想象没有目标的领导者是怎样的。

丹

博恩，第四个——我认为在现如今应该算是非常重要的一个品质——是有影响力的人都见多识广知识渊博。几年前，萨拉·佩林在一个国家计划中被问到读过哪些书刊时，她想不出任何书刊，这影响了人们对她的看法以及她影响他人的能力。所以说，我们的想法是既要见多识广，也要精通自己的专业领域。你能就此谈谈吗？

博恩

如今，信息每年以约两到三倍的速度增长。人们认为，90%从事研究和写作的人正在当下工作。在我 1989 年开始写书时，这些人每年出版约24万本书。如今，每年出版的书超过500万册，而这些书由各领域中最聪明、最有见识的一些人发表。这些人全都有话可说，有时它并不深刻，但有时又非常有深度。一些当代的书绝对是有着深刻见解的精美之作，能帮一个人省去十年的辛勤工作。

所以，如果你停止阅读，做不到见多识广，你就会失去平衡并且落后。这大概就像是在跑步机上：跑带持续向前，如果你不继续前进，你会越来越落后；如果跑步机加速，你也必须加速才能保持平衡。

这一点非常重要。我每月读大概三十本杂志，每天读三四份报纸；我在车上收听教育音频节目，听CD，或是在iPhone上听Audible中的节目；我看教育类的DVD，也看教育类电视。我每天要在信息上花费大约三个小时。这里到工作室的路途时间是40到45分钟，回来也是40到45分钟，那这就是一个半小时。我今天早上起床后花了两三个小时读书，今天晚些时候我还会读书，在周末我也读书。坐八小时飞机时，我会花五个小时读书、做笔记。通过持续阅读，我拓展了新的知识内容。

我现在已经写了80本书，而且我写的时候都没有笔记。我坐下来，清理桌子，把东西全部摆好，有了方法后就开始写。其中一本书有280页，其他的书有时是340页，有时是150页，但是我从头写到尾都做过笔记，因为信息全装在我的脑子里了。

最近的一项研究发现，有钱人每天花一小时或更长时间阅读，而只用一小时看电视节目。他们将剩余的时间用于社交活动或家庭活动等。富人会在车上听音频节目、听书、听非小说类纪实作品。所以我对阅读很狂热。

查理·芒格是沃伦·巴菲特的私交，他写了几本非常有趣的书，其中说到："如果你停止阅读，你在21世纪就没有机会。"为了今天的成功，你需要他所谓的"深度学习"，而深度学习意味着花时间真正深入地研究这个主题，而不是在互联网上匆匆扫视一小撮知识。你必须花时间看书，必须真正深入研究一个主题才能与时俱进。

我和斯洛文尼亚的一位客户谈了谈，他是斯洛文尼亚的顶级演讲者。我的另一位朋友是来自波兰的波兰语高级演讲者，还有一位是来自匈牙利的匈牙利语高级演讲者，他们都是我的学生。这个来自斯洛文尼亚的人英语讲得非常好，当时我们谈到了不同的书籍，而他谈到了《影响力》，作者是……

丹

罗伯特·西奥迪尼。

博恩

你刚刚说的那么多书，他每本都知道。我读过，他也都读过。我和朋友们聊过，他们也都用自己的母语读过这些书。这些人一直在读书，所以都是见多识广的。如果你停止阅读，如果你没有不断提升技能、丰富知识，那你基本上没有未来可言，你只是靠借来的日子存活着。据说沃伦·巴菲特每天会花80%的时间阅读。他上班时，会排除一切干扰，埋下头来，花80%左右的时间去阅读。期间他会查阅来电、信息和一些电子邮件，但他不会登陆社交媒体，不会去检查任何东西，只会一直阅读。这就是为什么他能做出价值一百亿、一百五十亿、两百亿美元的决议，而且每个人都啧啧称叹这些决定。

做到见多识广非常重要，它也会让你更加自信。当你真正做到见多识广时，无论参加任何类型的商务会议时，你与那写见识短浅的自己会非常不同。多年前我学会了一句我从未忘记的话，这句话是说权力总站在最佳信息掌控者的一方。“权力总站在最佳信息掌控者的一方。”

如果你参加某个会议，而另一个人掌握的信息比你的更好，那权力就站在他的一方。千万不要允许这种情况发生，好好做做功课吧。我跟很多人都说过：“这个怎么样？那个怎么样？我无法做出决定，因为我没有机会做足够的研究，所以只能等待。”

丹

与见多识广知识渊博有关联的下一个品质是：有影响力的人已做好充分准备。事实是有影响力的人不仅要做到见多识广知识渊博，如果他们要展示自己，还要进行多次排练以做好充分准备。你想谈谈这点吗？

博恩

当然。我教人做专业演讲，教人做展示，也教人销售，这些全都需要准备。每个领域最成功的人都做好了充分的准备。

我最近做了背部手术，给我做手术的医生是全国最好的背部外科医生之一，医院和诊所的所有医生和护士都认识这个人。他们问我：“你是怎么请到他的？”他做了非常充分的准备——查看了所有图表、X 光检查片、核磁共振成像和 CAT 扫描片。在手术前，他仔细查看了背部的每一个细节。

这就是我对他充分信任的原因。他会告诉我完成这一步需要花多长时间、我在什么时候可以减少止痛药剂量、疼痛在何时会消失、背部里的东西何时能取出来，等等，他对此非常精通。每个专业人士，无论是律师、医生、建筑师还是工程师，在做正事时都是做好了充分准备的。

多年前我从一位高薪专业人士那里学到了这一点，当时我说：“我总会准备过头。”他说：“博恩，我觉得这句话不存在。”听完我就明白为何他能在其所在领域成为顶尖级人物，成为收入最高、最受尊敬的人之一。

这是我的指导原则，我一遍又一遍地传授这个原则：即使你已经准备了一百次，也要再准备一次。你永远不知道，也许只是一个小细节就会让你占有优势。

丹

这很棒。另外，博恩，正如你所说，当你看到别人做了这一点时，你会对他更有信心，因为你可以看到别人准备得有多好。

第六个品质很有趣。我对这个品质的说法是“有影响力的人更喜欢人，而不是工具器械”，也就是说他们宁愿互动而不是躲在数码装备后面。这也是我们今天要讨论的一个话题。我想很多人都觉得这些人可以通过电子邮件进行管理，他们可以躲在屏幕后面，像绿野仙踪一样，远程影响人们。说到这个想法，做到手手传递、欣赏他人并直接与人联系的实际完成度对变得有影响力极为重要。

博恩

是的，有影响力的人更喜欢人，而不是工具器械。人们现在被工具器械分散了很多注意力，这已成为我们社会的一大弱点，我们称之为“电子干扰”。这是个大问题，我能聊上几个小时。一旦你让自己被电子产品干扰，就需要 18 分钟才能恢复工作。

我经常在研讨会的开端问：“你最宝贵的资产是什么？”你最

宝贵的资产是你的收入能力，他人愿意给你薪水也是因为你的工作能力。所以我们问：你做什么工作？答案是：你必须卖东西，因为所有商业都以销售和营销为重点，向人们销售东西，你就可以赚更多的钱，这样你就可以更成功。如果你躲在电子邮件后面，把所有时间花在查电子邮件上，那你什么工作都就无法完成。人生的所有成功都是项目的完成，就是开始项目然后完成项目。项目有开端、中间和结尾，项目完成后将并沿着一条线上下传递。如果有电子干扰，你就会被打断，无法完成任务。

电子干扰会使完成工作所需的时间增加约五倍，你需要五百分钟，而不是一百分钟才能完成一份工作，因为你总在中断和回复之间来回循环。

人们今天称他们为“屏幕少年”。你看他们在街上走路时，总是戴着耳机，拿着手机打字，低着头朝柱子走去，把自己撞倒，又或者低头走在路上被车撞了。现在檀香山有一条法律，叫作“(禁止）分心行走法”：走路时严禁点击 iPhone 或在上面打字，必须和开车时一样关机。

每当你分心时，你的大脑就会受到多巴胺的冲击。当你听到铃声响起时，你会受到同样的冲击。最近有人写了一篇研究文章说，接听智能手机或访问电子邮件就像站在赌场的老虎机旁边一样。老虎机关机时，它会叮叮响，而你的手机关机时，也会叮叮响，还会引发反响：“哦，我赢了什么？我赢了一些东西。”由于间歇性的强化，你会想：“也许这是一个朋友，也许这是一个亲戚，也许这是我一个老兄讲的笑话。”

如果你在和某人交谈时电话响了，你就会发现这点。你立刻停止对话，转身离开对方，停下来，检查一下，看看你是否想要什么。然后，你的大脑受到多巴胺的冲击，你会想："我赢到了一些东西，叮叮叮。"人们的一整天都伴随着手机或电子邮件等器械设备发出的叮叮声。

我来教大家采用一种全新方法来应对电子干扰。

首先，请勿在上午 11 点之前查阅电子邮件。其次，查完电子邮件后，请将其关闭，关掉后就不要管它了。在 15 点或 16 点再次查阅。有人说每天只需在 10 点、13 点及 16 点查三次邮件。没错，查完后就关掉邮件并确保不再打开，甚至不要把查邮件的设备留在房间里。

参加任何类型的会议时，请不要带电子设备，把它们留在会场外，留在你的办公桌上。大多数人在会议上都不是在做笔记，而是全身心专注于传递消息。你不能一心二用，所以如果你被短信分心，你就无法思考会议上发生的事。

如果你在一对一的会议上与某人交谈，那么在这个人说话的时候，你坐在那里回复短信对他来说将是最大的侮辱。你不记得那个人所说的任何事，对其传达的信息毫不留意，这完全是在浪费时间。所以你必须学会和电子邮件相关的礼仪，这意味着关掉设备并不再理会它。每天最多检查两到三次，然后就关掉。

至少也要调成静音，这样它们才不会分散你的注意力。请记住：工作生活中的所有成功都源于任务的完成，如果打开电子设备，就永远无法完成任务；如果你完不成任务，就永远无法升职。

许多人的职业生涯正被这种"叮叮瘾"所毁。他们开着设备，因为少许多巴胺给了他们冲击，而多巴胺与可卡因中的药物同样能让人上瘾。因此，每当铃声响起，人们就会受到这些小可卡因的冲击，很快便一发不可收拾。只要你不打开电子设备，你就可以在早上停下不上瘾，但是一旦你打开它，听到第一个叮叮声，好戏就开始了，在这天剩下的时间里，你就被困在这个陷阱里了。

丹

第七是有影响力的人都很正直诚信。那么我们来谈谈诚信所具有的力量，以及当某人很奸诈时所带来的负面影响。

博恩

诚信很可能是一个人在商业和生活中成功最重要的品质。我们人生成功的85%基于我们的人际关系，而人际关系建立在信任的基础上。如果没有信任，那么人际关系也不存在，所以诚信就是一切。我们的妈妈告诉我们永远都要说实话，我认为，首先自己要真实地生活，对自己真实，再真实地和别人生活。

我们要做诚实的人。厄尔·奈廷格尔说过，归根结底，诚实才是最重要的品质。一般来说，大多数人都很诚实，但是，如果有人在和你交谈而你却没有认真聆听，只是假装在听，那这就不是诚实的行为，而是欺骗。可能最糟糕的一件事就是别人对你说了些什么，但你却没有理解到位，只听到只言片语，得到的也是一知半解，然后你就决定根据你得到的信息做一些不对的事。因此，诚信意味着你要关掉一切电子设备，耐心地、完全地、百分百地倾听他人的讲话。

丹

有影响力之人的第八个品质是有礼貌，那么请你谈谈这个品质的重要性吧！

博恩

好的，让我们再次说回影响力、信任和真诚，说回人们是否不仅会接受你的影响，还会向别人推荐你，说回举止礼貌会让人为你敞开大门。你会发现，欧洲的大家族、美国的好家庭，以及其他文化中的大家族、好家庭都是以礼育人的。因为礼仪极为严格，年幼的孩子在小时候总会与其抗争，但实际上礼仪是相应文化的一部分，当你长大后，你会被和你有相同文化背景的人吸引，因为这意味着他们的用餐礼仪正确端庄，行为举止也表现得很好。

我记得我十几岁的时候和一个女孩约过会。她 16 岁时，她的父母让她学过一年的礼仪课程。这个课程教这些年轻女孩，当然也有许多年轻男孩，如何摆放餐具、如何准备晚餐、如何冲咖啡、如何泡茶，以及如何在客人进门时进行迎接等等细节。一旦他们学习了这些，而且是和其他人群一起学习的，那就会让他们受用终生。

从此以后，他们就只联系那些有礼貌的人，那些要么是被有礼貌的父母言传身教带大的，要么是被父母送到同一礼仪学校的人。所以我认为父母确保礼仪伴随着孩子的成长并且孩子总能彬彬有礼地说“请”和“谢谢”这一点非常重要。我去过 80 个国家，我发现如果你只学会说“你好”“你好吗”“谢谢”，你就能走遍世界上任何一个国家一半的路。

你可以直接从机场里碰到的第一个人那里获取这些信息，也可以带本短语手册，只需使用这些词语——“谢谢”“你好吗”“早上好”“下午好”之类的就够了。“请”和“谢谢”绝对是两个神奇的词语，如果你说了这两个词，全世界各地的人们都会对你微笑，为你敞开大门并帮助你。

丹

是的，这很不错。第九个品质是有影响力之人的态度都很好。“态度”差不多是不言自明的，我们略微可以回溯到谈论魅力的那一部分，但还是请你谈谈态度对于影响他人的作用吧。

博恩

态度非常重要。厄尔·奈廷格尔说过，语言中最重要的一个词就是“态度”，因为它是人们对你的第一感受和认知。拿破仑·希尔将积极的心理态度作为其书《思考致富》的开篇，而我听过对积极心理态度最佳的定义是“对压力的积极回应”。人的一生充满了各种各样的起伏和困难，但总的来说，人应该积极开朗地应对压力。在任何情况下都应当寻找积极的一面，吸取宝贵教训，并克服问题和困难。结合所有这些建议，那就是：永远都要做个有礼貌的人。如果你和蔼可亲、举止礼貌、积极乐观，走遍半个地球也不是问题。

丹

第十：有影响力的人在遇到困难时都能坚持不懈，那么请你谈谈坚持不懈的重要性吧！

博恩

人们说坚持、毅力和恒心是成功最重要的品质，因为人的一生中总会遇到很多疑难，但唯一的问题是如何应对这些疑难。我在二十多岁时偶然看到了一整套心理学和形而上学的研究，我从中学到了一些我从未丢弃的东西。这个研究是关于心理预编程的，讲的是人可以用这种方式在心理上预先将自己编程：不管出了什么问题，都能决心坚持，并且一直做下去。

当你遇到挫折时，你必须事先下定决心。你要对自己说："无论遇到什么挫折或困难，我都会积极回应，我会就地反弹、重整旗鼓，而不会内心崩塌。"正如我的朋友查理·琼斯曾说过的那样："重要的不是你摔了多深，而是你反弹了多高。"你要提前下定决心："无论发生什么，我永远都不会放弃。"从此之后，你就能做到永不放弃。

人们之所以会放弃，是因为他们还没有下决心不放弃——这几乎是最神奇的一件事情了。我在四个孩子的成长过程中告诉他们："迈克尔，或克里斯蒂娜，或大卫，或凯瑟琳，以我对你的了解，你是永远不会放弃的，你会永不言弃。"他们会说："哦，你怎么知道？万一我遇到很多问题呢？"我说："没错，你可以这么想，但事实并非如此。你不会放弃的，你不是那种会放弃的人。"你知道吗？如今，这四个孩子都长大了，他们确实从未言弃。他们从来没说过放弃，这就像他们基因的一部分：他们从不放弃任何事，面对任何事都总是积极向上的。所以你可以自己下决心做到"我永不放弃"，从今开始，你就永远不会放弃了。

请对自己说："我从不放弃，我从不退缩，我总是很积极，我总是以积极的方式应对困难。我着手做任何事情之前，都做好了充足准备。"你甚至只用对自己说一次，你的潜意识就会将这些话当成命令接收，然后它就会成为你生活中的一个做事原则。

你也可以下决心消除消极情绪。大多人都让我们相信消极情绪和积极情绪在生活很正常、很自然。如果你有其中一种情绪，那也就会有另一种情绪。有些人的情绪不止一种，有些人的则更多。如果你有消极情绪，也就会有积极情绪，反之亦然。这就像呼吸一样正常。

但我学到的不是这样，那是个下不下决心的事儿——你可以下决心消除消极情绪，对自己说："不，我没有消极情绪。"

最后一件事：你可以下决心不要感冒。大家都不知道这件事，我研究这个思想学派时，我对此也很惊讶。

你听过我在无数次采访中被问到："当感到沮丧时你会怎么做？"或"在沮丧时你会怎么应对？"我说："我从不沮丧，也永不会消极。"后来我留意到其他看起来一直都很积极的人，问他们："你遇到过消极的问题吗？"他们说："不，我从不消极。""当不好的事发生在你身上时呢？""我从不消极。"这是因为他们下定决心要永不消极。

任何读这篇文章的人都可以下决心：面对困难时，你总会坚持不懈；你永远不会消极；你永远都会继续前行；你会随时准备好；你永远不会感冒；你会永远做个积极的人。只需做出一次决定，它就会锁定在你的心里。从此以后，你再也不必质疑，在任何可能感到消极的情况下，你潜意识中的某些物质会被立即激活，接着这些消极情绪就会烟消云散了。

THE SCIENCE OF INFLUENCE

How to Inspire Yourself and Others to Greatness

第三章

有影响力的骗子

丹

为了发展影响力及其在人生不同领域的应用，我们需要制定更具体的策略，在此之前，我们需要讨论一下影响不是什么。如果消极地应用我们讨论的这些想法，会对他人造成更大的伤害，这可能不会发生在我们生活中的任何一个领域中，因为通常非常有影响力的人会将他们的影响力用于非常自恋、极具破坏性的目的。我们将这样的人或者像电视和电子游戏这样的媒介称作“有影响力的骗子”。通常，他们声称为我们的最佳利益服务，但实际上直接性地违背了博恩在此谈论过的积极互惠型的影响力。一旦你辨别出生活中有影响力的骗子，你就能踏上更顺畅的成功之路、幸福之路和成就之路。

博恩，我对你欣赏有加的一点是不管会牵扯到多少层次的工作，你都会极其努力地为人们提出可行的自我发展观念。你不怕告诉别人真相：成功没有捷径，要成功就要艰苦工作，不要接近那些只给人好处却不求所得的人。

这就引出了对有影响力的骗子的讨论，或者说对什么不是积极影响力的讨论。积极影响力具有正直诚信的特点，它为了人们的真正所需而发挥影响；而消极影响力，也可以说是操纵，它为了一己私利而甜言蜜语地欺骗他人。请你谈谈这两者间的区别。

博恩

我很多年前就开始研究这个问题了。在我研究经济学、心理学和哲学时，我发现了人类的一个巨大弱点——被我称作“E 因素”的权宜因素。人们会寻求最快捷、最简单的方法获得想要的东西，而很少顾虑长期后果。

最新研究表明，人脑在 25 岁时完全发育。通过这个研究，可以知道 25 岁之后大脑就开始长远思考了。25 岁之前，人类的大脑都是以短期为导向的——即刻的满足、短期的愉悦，而未来非常模糊、虚无缥缈，不那么重要。只有在 25 岁到 27 岁后，人类才真正开始设定长期目标。

我在 24 或 25 岁时第一次找到了目标，我原以为自己会平凡度过一生，然后死去，飞向天堂。没想到目标竟如此强大，就像是在一个陌生国家开车时找不到路乱窜，但后来找到了路线图并学会看路线图一样。学会运用目标后，我立马就想到，哇，原来你可以取得更大的进步，而且可以更快捷、更简单、更具可预测性。

年轻人很容易被有影响力的骗子带入歧途。有影响力的骗子包括很多人和情形——广播、电视、报纸、百万富翁和像马克·扎克伯格这样的亿万富翁，他们让成功看起来有捷径可循。

我在旧金山做了一个培训课程，有 10 到 12 个人参加。这些人给我交了很多钱，每三个月和我见一次，讨论他们的业务和未来。

其中有两三个是认真严肃的商人，他们考虑的是如何创建长期业务；其他人都不怎么认真，谈论的是怎么要花招、怎么走窍门。

一位女士和我聊过她的网站。她打算开发一个网站，实际上是一个APP（应用程序），然后成为千万富翁。我说："讲真的，这个网站用来做什么呢？""它会向女性介绍获得更好资源的方法，整合资源帮助女性获得更好的工作，然后再反查看工作是否适合这些女性。"我说："听起来很复杂。"她说："嗯，是挺复杂，但只需要雇几个网络工程师，把你想做的告诉他们，然后他们照做就行了。""那你怎么给这些发工资呢？""给他们都分点股份。"

"怎么做到呢？"我问。"我才刚刚起步，一切都没那么顺利。我现在只是有这个想法，但我希望在明年之前能够完成这项工作而且每年赚到几百万美元。"这是一位来自东部受过大学教育的女性。我说："真的吗？""恩，是的，你只是把这个APP和其他APP堆在一起，把它发布在线上。手机这么多，这应该完全没问题。"我说："好吧，你知道，其他很多人也在尝试开发APP。""恩，是的，但我的想法远远优于他们。女性这么多，只要这个APP做好了，一半的女性都会买。""为什么？""因为每个人都希望获得更好的工作信息和职业信息。"我不再纠结在这个话题里，因为我觉得她活在脱离现实的幻境里，当然，事实证明她的确是如此。

如今，上百万的企业家待在家里独自工作或与朋友一起工作，开发下一个杀手级应用程序APP。把这个数量和农民的数量做比较，在美国，觉得自己在家工作能开发出杀手级应用程序APP从而变得富裕的人比在农场里种植的人要多。这就是那些所谓有影响力的骗子掌控很多年轻人的方式。

我阅读了相关的所有研究资料，事实上，对于一个开创新事业的企业家来说，挣到第一个一百万大约需要七到十年的努力；对白手起家的人来说，平均需要二十二年左右，前提是他们年复一年不间断地工作。在他们工作了大约二十二年后，会计告诉他们："对了，你的净资产超过了一百万美元。"这些人通常管理着家庭商店、咖啡馆和汽车修理店，和其他类似的生意。

但如果这些人安顿下来、埋头苦干、闷头工作，他们绝大多数都可以在七年左右成功。这个七年是指每天十四到十六个小时、每周六十到七十个小时、每周六到七天的七年。根据这些研究，你得艰苦努力一万个小时左右才能达到提供价值百万的高质量产品和服务的标准。

一般来说，白手起家成为亿万富翁需要大约十五年——艰苦卓绝的十五年。他们饱尝数次失败的苦楚，又不断尝试，如此反复，但大约十五年后，他们攒够了足够的经验，无意间发现了如何正确地通过人员、影响力、想法、技术、机会、金钱和声誉做到"不鸣则已一鸣惊人"。如今全球大约有 2437 位亿万富翁，其中 87%是白手起家的。百万富翁也是如此，大约有 11000 位百万富翁，其中约 87%——相同的数字——都是白手起家的，而其他人则是从一些已有基础起步，年复一年地工作。

人们问这些白手起家的亿万富翁："为什么你这么富有？为什么你能在这么短的时间里赚到这么多钱？"答案几乎是一样的。

第一，他们有非常明确的目标。他们说："我有明确的目标，我希望在财务上独立，为此我愿意尝试一切。”

第二是持续学习。我说过沃伦·巴菲特80%的时间都在读书。世界首富是墨西哥人卡洛斯·斯利姆，上周我在慕尼黑和一些国际商人进行交谈，其中三分之一的人都来自墨西哥。当我提到卡洛斯·斯利姆时，他们很激动，因为他是墨西哥的沃伦·巴菲特。他的起步不佳，但成功地创建了具体的分销业务，并成为了亿万富翁，而他每天的60%到70%的时间都在学习。

白手起家的百万富翁第三个特点是乐于冒险。白手起家的亿万富翁们特别谈到了这一点。发生某些事后，就像打德州扑克一样，有时你需要选择全押。只要还有机会，不管飞得很高还是摔得很惨，你要做的就是全力以赴。

另一个特点是努力工作。每个成功的人都说他们比同龄人更乐意努力工作。他们开始得更早，工作得更努力，结束得更晚。正如我们之前所说的沃伦·巴菲特和查理·芒格，都是工作工作再工作。你一定听过这句老话：“越努力越幸运。”我和无数白手起家的百万富翁交谈过，他们会和你讲他们早期的经历。这些经历都涉及到很长很长时间的工作，他们的工作时间比任何人的都长，比如之前说的每周六十小时或更长时间。通常他们会在一鸣惊人之前工作多年。

此外，白手起家的百万富翁极有雄心，也非常积极。研究人员采访了美国发展最快的500家公司的创始人，发现他们的一个品质是极其乐观——非常非常积极。他们很清楚自己迟早会成功，只是在此之前必须要先尝试不同的事。

这也就是白手起家的百万富翁企业家的另一品质：他们会尝

试许多不同的事。如果这不起作用，他们会尝试其他的；如果那也不起作用，他们又会尝试另外的。

以上都是些使人成功致富的一类品质。这些人有明确的目标和书面计划，并一直为其努力；他们每天工作十、十二、十四、十六个小时，每周工作五到六天；他们保持阅读、不断学习、渴望学习；他们也极其努力地工作，并且工作很长时间。可即便如此，大多数人还是没有成功致富。

总会有人冒出来教你如何快速致富、如何赚到大钱、如何利用独家窍门，并就这些问题开设一些研讨会和网上套餐；或者交上几千美元，这些人就会慷慨地把这些独门秘籍传授于你，说是只要按照他们的秘籍做，你就能进退自如，赚得盆满钵满。其实这根本行不通，请大家记住，即使在最好的时代，也只有大约 1% 的人会变得富裕。尽管计算机让我们能以极快的速度进行交易，但竞争依旧非常激烈。如果你想进入金融市场，和你竞争的将会是世界上最聪明也最争强好胜的一批人，而且他们的身边也都是些聪明、好胜的人，这些人会随时观察，看看你的见解有没有能用来让他们以各种方式多赚点钱。

很多傻瓜都在寻求简单快捷的致富之路，在那些销售快速致富课程的人看来，这些傻瓜正是诱人的猎物。但当市场出现下滑时，大多数销售快速致富课程的人都会破产，其中很多人已经破产了，很多人除了从这些课程中赚到的一无所有。

我有个好朋友很富有，他是个非常聪明的商人和投资者。别人总是找他投资："你会投资给我的伟大计划、产品、算法、系统吗？"他说："当然。我来告诉你我会做些什么：如果你能告诉我你所有的经济成果以及你的价值，我也会告诉你我所有的经济成果以及我的价值。如果你的系统运行后，你做得比我好，那我就会和你一起投资。否则我们就分割公司，不要再说话了。那么请告诉我你有多少钱。”他说他每次都以这句话作为结语。这个人看看地板，看看他，又重新看看地板，说：“我觉得谈这件事的好时机还没到，我现在就走。”因为这些人没一个赚到了钱，所以都会起身离开。他们只想通过劝你购买投资对象来赚钱，而不是通过投资对象本身来赚钱。

丹

你说的这些人是想通过免费的、快餐式的产品和小伎俩诱发他人的贪婪心或谋私心。你觉得有影响力的骗子或操纵者还有什么其他需要被注意的特点吗？我们应该特别留心哪些人？怎么才能说明这个人是应该远离的人？

博恩

关键问题是他们的表现如何。现在一些互联网天才已经有了打包发布的能力。他们把几种不同的成分打包，然后推出一个产品，该产品一周内就可以卖出百万，而且这些人有能力保证一直做到这一点。

挑战在于没有那么好赚的钱。产品要想取得成功，就必须得做好，即必须为人们实现经济目标、必须给人满意的结果。我的组织里有 27 名员工，他们负责产品的在线销售，业务做得很成功，每周每月都在持续运作、持续增长。我们的数据库里有 260 万人，因而所有人都跑来接近我们："求求了，请让我们给你们的数据库发点促销广告吧。"所以我们问了他们很多问题。

我们始终保证售卖的所有产品都能无条件退款。我们销售课程，主要是教育课程，但也有金融投资课程、语言课程、目标设定课程和时间管理课程。只要参加了该课程，你就能获得明确的成果；如果得不到，那就退款。我要很高兴地说，我们已经这样做了将近三十五年。

刚这样做的时候，我才刚刚开始做演讲家，而且那时还没有互联网，所以为了得到工作机会，我必须保证受众者满意而归。我常说："我将为你的组织或公司做演讲，如果你听了不满意，我就不收费。"他们说好的。这让我觉得有责任把课程设计好，花更多精力在课程上，让观众满意。

如果你头上悬着"不收费"的达摩克利斯之剑，你就能把事做好。你售卖的所有产品都应该有无条件保证。如果一个人说使用这种产品可以通过某种方式改善你的生活或工作，那他就该做这个产品的后援。你、我和奈廷格尔–科南特一起工作了很长时间，我也从奈廷格尔–科南特那里学到一个道理：如果你以自己的产品为豪，那就为它做保证吧。不管人们因任何原因不满意，都可以退货并拿到退款。我一直都觉得这是对产品有信心的最好证明。我见过很多公司说："这取决于你，你得让它起作用。我们可以为你提供你需要的一切，之后的就取决于你自己了。”我说：“不，不，不。”最开始我提供一个月的保证期，后来提供一年的保证期。我说：“你可以买下这些课程，看看、听听、试试，如果一年内不满意，随时可以退回来，我们全额退款，绝不收费，没问题的。”然后我又开玩笑说：“当然，我们公司总是搬来搬去的。”他们都笑了，我也跟着笑。

我很乐意给人们提供一年的保证，这一点是我从一家最大最好的多层次营销公司那里学到的。他们有个空瓶保证：你可以拿走他们的产品、用他们的产品、也可以清空瓶子或容器，但如果你不满意，你可以拿空瓶回来，无条件获得全额退款。

当时我就想：“这种保证太棒了。”

丹

这符合你之前说到的互惠原则。大多数人都觉得别人给予了自己价值，因而在回报他人时，他们也会还回价值。有些人可能会害怕：“天哪，我们会被那些人洗劫一空的。”但正如你所说，如果你赋予了产品价值，就该有支持它的能力，即便只是一个空瓶。

除了个人，世界上有许多积极和消极影响的来源。前者能给人带来更多成功和幸福，而后者尽管能给人带来短暂的刺激，却会导致长期的失败和不幸。我想知道你是否可以比较比较其中的一些例子？我喜欢设想人们对本杰明·富兰克林的描绘，他一方面是有影响力的骗子，另一方面又是成功的积极影响者。

盲目选择看两个小时真人秀的人就是其中一例。每个人都需要不时小憩一下，但是收看冗长的垃圾节目和花两个小时读一本与职业相关的书来放松，这两者间是有差别的。两种方式同样都采用了 R&R（修养与恢复），但一种是以消极方式影响你，而另一种则是积极的。你认为还有其他对人们走向成功之路产生消极影响的事情吗？如果有，有什么行为能够取代它们呢？

博恩

我对此已经研究了四十年，数千小时。少付出甚至不付出就能有收获这一想法是实现真正持久成功的最大障碍。父母养育孩子时，会教给孩子天下没有免费的午餐、没有不劳而获的东西，以及种瓜得瓜种豆得豆的道理。

我最喜欢的等式就是得到的酬劳总是等于付出的努力，所以你付出的努力越多，你收获的成果越多，得到的酬劳也就越多。如果想赚更多的钱，那么就必须付出更多努力。

努力分两种类型：体力上的和精神上的。如今一切的努力都是精神层面的，所以如果你想赚更多钱，就必须提高让别人为你掏腰包的能力。你必须问自己，今天我做什么才能来帮我成功让别人掏腰包呢？对于这个问题，你可以去找老板问问。

彼得·德鲁克说过："'贡献'一词会改变你生活。想要赚钱或成功的人必须要考虑贡献。今天我要怎么为我的业务或客户贡献更大的价值呢？怎么才能有更大的贡献呢？"

一开始时，我研究经济学和心理学，然后又研究形而上学，从中我学到播种与收获之间的规律是绝对的，我们称之为"因果定律"。这一定律可以追溯至公元前350年的亚里士多德。因果定律是一条定律，而非理论或信仰。这条定律规定，你投入的越多，你得到的就会越多。如果想增加你收获的额度，那你就必须提高你投入的数量和质量。

你说："好吧，我想要得到双倍收入，这意味着我必须给出双倍贡献。那怎样才能让我贡献的价值翻倍呢？"你可以多做些体力工作，也可以在智力价值层面多做些贡献。你可以多做些价值较大的事情；你可以培养新技能，做出更有价值的贡献，让人们受益，并以某种方式改善人们的生活。你会发现，最成功的人就是全心全意为他人服务的人。

如今，我已经写了80本书。我一直在想："我不想再写了"，但还是不断有写书的想法。我对其中一本书的想法叫作"更因素"。对我来说这个想法很简单，它是说我们要通过让客户满意来实现成功。如果你让客户满意，他们就会对你的产品满意，就会买下产品，然后成为回头客。但是，我们生活在一个竞争激烈的世界，你的竞争对手也同样希望让客户满意。既然你已经让客户满意了，为了抢走客户，你的竞争对手必须让客户更满意。

怎么才能让他们更满意？你必须像杰夫·贝索斯（亚马逊网络购物中心缔造者）或达美乐披萨（美国比萨外送餐厅连锁店）一

样，“更”快地为他们服务；必须像蒂芙尼或露露柠檬（美国瑜伽服装品牌）一样，为他们提供“更”高的质量。总之一定要有一个“更”：更优质、更智能、更快捷、更简单、更方便，全都是我们所说的比较级。

比较级意味着你卖给客户的东西必须得非常重要，才能让他们选择从你这里而不是从别人那里购买。你的工作就是想办法给等式加一个“更”，有时可以是“更”有礼貌、“更”愉悦、“更”干净。

普遍认为，饭店的卫生间和停车场的清洁程度一致，所以人们会直接看停车场。如果停车场干净，他们会觉得洗手间也很干净，那么他们就可以和家人停下来，全家去那里吃饭。这就是为什么麦当劳的停车场都很干净：人们觉得它的停车场比同行的都“更”干净。所以你必须不断问自己：我能做些什么来获得“更”因素？

丹

无论需要多长时间，都会为了增加价值而努力工作——鉴于此，我想你可以使用这个已经概述过的公式，也可以在有影响力的骗子这一语境中想起它。

例如，如果想到健康，可以看到所有帮人提高智力、减轻体重的药物广告：只需服用本药。大多时候，这类药物甚至没有受到监管，但还是在深夜的电视上做广告。

哇，看似是只需吞下这个药片，它就会让你这样或那样，但实际上，它和提出营养饮食和锻炼计划的积极行为大相径庭。

权益模型会投其所好地说你爱听的话，也会不求所得地把东西卖给你，而当你开始整体考虑这一模型时，与增值模型相对，你可以在生活中找出许多有影响力的骗子。你会发现自己花了太多时间购买这些东西，却没有和积极的影响者一起为成功掏腰包。

我想要与你讨论导致有影响力的骗子形成的一个更深根源，即不健康的家教或反常的人际关系。有的人可能长期受到消极影响并被虐待——可能是精神虐待，也可能是性虐待，而这些事的消极影响会持续多年。博恩，人们怎样才能克服异常的养育，在自己和他人的生活中拥有更健康的影响力呢？他们又如何和孩子一起打破这个循环呢？

博恩

从我自己经历的异常养育开始，我一生都在思考这个问题。我对此进行了数千小时的研究，所以我想给大家亮出底牌：几乎每个人都经历过某种异常的养育。所有孩子来到这个世界时都是一张白纸，他们没有消极情绪、没有愤怒、没有沮丧、没有畏惧、没有恐惧症，什么也没有。他们唯一担心的是害怕摔倒和吵闹，而这很正常很自然。

然后孩子在早年开始养成两种消极的习惯模式。负面习惯模式是对环境中刺激的自动反应。他们养成的第一个负面习惯模式是对失败的恐惧。当孩子做了父母不允许做的事时，父母一方或双方会对孩子说“不，住手，离那里远点”，然后向孩子大喊大叫、扇他耳光、惩罚他、伤害他，此时，孩子就会产生对失败的恐惧。

孩子们只有一个需求，那就是爱和安全。如果父母对他们大喊大叫并呵斥他们，就会让他们害怕，觉得自己不安全，觉得自己处于危险之中。因此，孩子们不再大喊大哭大笑，而是开始让自己的行为和所有能获得父母无条件支持的行为保持一致。

他们生成的第二个恐惧是对拒绝的恐惧，对不赞成的恐惧，对不被喜欢的恐惧。当父母说“离那个远点，把它放下来，别管那个”、打孩子耳光、打孩子屁股时，这种恐惧就会出现。孩子开始害怕被拒绝，害怕“我不能，我不能，我不能”。所以当孩子两三岁的时候，就有这两种恐惧：我不能和我必须——我不能做父母不想让我做的事，我必须做让父母开心的事。父母经常因为孩子做了他们不想让孩子做的事或没做他们想让孩子做的事而批评和惩罚孩子，所以说父母们在不断地放弃他们的爱。

一个孩子情感上对爱的需求，就如同玫瑰对雨水的需求、大脑对氧气的需求。如果剥夺孩子的氧气，孩子可能真的会死去。父母用爱威胁孩子说：“离那里远点，住手，不要那么做。”由于孩子就像需要氧气一样需要爱，他很快就会对这种拒绝和不同意产生恐惧。如果我不经父母同意做了这些事，那我就不安全了。

我会失去他们的爱，在感情上失去生命。

一个伟大的心理学观点认为成年期的所有消极行为都源于童年时期被拒绝给予的爱。孩子因为他所需要的爱会消失而受到了威胁，这就像是让血液在大脑消失，所以对孩子来说最重要的礼物就是无条件的爱。对于一个孩子来说，最大的痛苦或创伤就是不被给予的爱，就是把爱带走。最糟糕的是把爱带走后又把它拿回来，带走又拿回，如此往复会让孩子的神经和精神脆弱，会让孩子生气、恐惧、善变，因为他永远不知道自己该做什么或不该做什么，才能保证爱像不断的氧气一样持续流动。

那会发生什么呢？孩子长大后害怕失败、害怕犯错、害怕受罚；孩子长大后害怕拒绝、害怕风险、害怕没人爱、害怕不安全。成年的孩子对失败的恐惧很深：如果我做了某事但却没有成功，那么我将失去父母的爱、我将不再安全、我将处于极大的危险之中；或者，如果我做了父母不赞同的事，我将受到惩罚、我的爱将被带走、我将不再安全、我将在这个可怕的世界里孤独终老。

这两种恐惧都会“长大”，演变成各种各样的事物：对失败的恐惧、对风险的恐惧、对失去的恐惧、对尴尬的恐惧、对反对的恐惧、对他人负面观点的恐惧以及过度敏感。所有主要的恐惧都源于对失败的恐惧和对拒绝的恐惧。

我上周和一位千万富翁交谈，他说，无论他现在的成就有多少——豪宅、豪车、优越的生活、巨大的成功——他私下都有一切将被夺走的恐惧。这可以追溯到童年时代，这种对失去的恐惧、对失败的恐惧、对丧失一切的恐惧，在孩子五岁之前就被反复灌输了。大多数情况下，父母甚至浑然不觉自己做了这样的事，他们没什么其他想法，觉得自己只是在孩子没做他们想让他做的事情时，利用不同意去威胁孩子从而控制孩子，而并没有意识到他们正在制定这种模式。

我现在有四个孩子，我知道摧毁人类灵魂的一大恶习是破坏性的批评。我的孩子从未被批评过，我会把事情讲清楚，但这并不意味着我们不争斗、不争辩或不反驳对方，但我从来没有说过："你真差劲。"

我的孩子们被学校开除过，陷入到麻烦里过，做过孩子们会做的各种事情。孩子们总会做点这种事，但不管怎样，我都让他们坐下来，问："发生了什么？"他们非常紧张。我说："别担心，没关系，我小时候也做过这些事情，打开天窗说亮话，直接告诉我发生了什么。"他们说："我做了这个，做了那个，这就是发生的事情了。"我们来回踱步，我会问："下次你打算怎么做？""下次我会更加小心。"我说："那很好，因为我的父母会非常严厉地惩罚我，还会在此十年后一直提醒我件事。他们只是在一味积攒，然后不断累加，无论我做了什么，都会提醒我几年前做过的那件事。"仿佛你永远不会被原谅。所以我和孩子们说："发生这种事很正常。"然后几年过去，我会跟他们开玩笑说："还记得你那次做的事吗？""记得。""那真的很疯狂，是吗？""是的。"这毫无消极性可言，什么都没有留下。

如果你是成年人，你会如何应对这件事？我们发现人类个性的核心是自尊，即你喜欢自己、爱自己的程度，而你爱自己的程度决定了你爱别人的程度。所以你首先要说出："我喜欢自己。"这可能是我一生中最开眼的一件事情：每当你说"我喜欢自己，我爱自己”时，你的恐惧就会消失，而你的自爱程度会上升，就像跷跷板一样。你越爱你自己，你的爱就会增多，而恐惧就会削减，最终你会达到无条件自爱的程度。

我总是和我的孩子们说：“我无条件地爱你们。不管你们做什么，都不会减损我 100%的爱。”他们会问：“如果我把这个杯子弄坏了呢？”我说：“没什么能让我或妈妈不 100%地爱你。”你必须重复一段时间，因为对孩子而言，这在很长一段时间都是抽象的。只有当他们面临真正的问题时——有人来到门口、有人指责他们、在学校遇到麻烦——父母仍然 100%支持他们，他们才能体会到。我说过：“好吧，发生这些事情也很正常。”

丹

博恩，比如说有人试图摆脱异常的背景，想要卸下包袱、解脱自我，然后以积极自由的方式影响孩子。但有时因为他们做不到宽恕和原谅，放不下生活中的某些东西，他们会觉得自己被拒之门外。你能谈谈这一点吗？有时人们即使咬牙切齿地说“我喜欢自己”，心中却仍然横着一块忿忿不平和斤斤计较的巨石。那么如何能解脱自己呢？

博恩

很高兴你问了这个问题，因为这可能是个人发展中最重要的洞见：不愿原谅或无法原谅是对幸福最大的阻碍。我最近和一个听众交谈时提过，人生中最重要的事情就是原谅所有曾经以任何方式伤害过你的人。让它彻底过去，意识到它们已毫无影响，与你再无干系。你说，“我原谅了父母抚养我时的每个错误，原谅了我生命中的每一个人，原谅了我的前任、我的兄弟姐妹、我的朋友、我的老板，也彻底原谅了自己。”

耶稣在新约中传授的最伟大的思想就是宽恕——宽恕七十七次，走一英里，再走一英里，做到自由地宽恕。为确保彻底清除生活中所有的消极情绪，你能做的就是要回顾生命中的每个人，然后100%地原谅他们曾经给你的任何伤害。

我想以一个故事结尾。有个人从荷兰打电话给我，但他讲英语。他说：“我必须亲自打电话给你。”我通常不接这些电话，但有人说这个电话听起来很重要。我接起电话，那个人说他在一个异常的家庭里长大，对自己的家人感到愤怒。他和消极的亲戚和兄弟姐妹们一起长大；结婚后婚姻也不幸福，被另一半欺骗，失去了所有家当；最终他得了病，心灵也陷入了窘境。

他得了早期癌症和各种疾病，去看医生时，医生说：“你活不久了。你的系统就像破车一样残旧，什么都没了。你还能活六个月左右，现代医学帮不了你什么了，平和地和你生命里的所有人或事共处吧。”医生也说：“你不妨让一些人随风而逝吧。你现在还在对这么多人生气，别管他们了。”

这个人走出来思考着，因为他如此生气已经很久了。他列了一个名单，上面有 39 个人，让他生气愤怒的 39 个人。他仔细看了一遍名单，然后说：“好吧，我要原谅他们。”他一个一个地仔细查看了名单，想到之前自己有多生气，然后原谅了他们：“我彻底原谅了这个人。”他在我的节目，奈廷格尔–科南特的《成就心理学》中听到了这一点。“我彻底原谅了这些人所做的一切，我让他们的名字一个个随风而逝。”有些名字很难消失，但他在整个名单上做到了。之后，他又有些退缩了，对于其中一些人，他说“不，我必须给这个人打电话”或者“我必须得去找那个人”。

他把所有的事情打理好，写下遗嘱和遗言，卖掉所有的衣服后，给这些人打电话，亲自找到他们并和他们交谈，他要求他们的原谅，而他也原谅了他们。他去了美国、欧洲和英国，在接下来的六个月里完成了这件事。他四处游走，去原谅他人，也请求他人的原谅。

他做这件事时，身体状况得到了改善，变得越来越好，越来越好。到六个月结束时，他的思想、灵魂和内心都完全通透了。他原谅了每一个伤害过他的人，消除了所有消极情绪，自我感觉很棒，一点也不痛苦。他再回去看医生时，医生不敢相信：“你现在什么病都没了。”与此同时，他开始工作，赚的钱比以前都多。他觉得自己过得很精彩，毫无消极的想法或感受。他完全变了个人，不仅恢复了健康，自我感觉也很棒。

这个故事是多么令人难以置信啊。我很高兴你提起让我想起了这件事——决心永远原谅所有曾经因为任何理由伤害过你的人。

丹

一旦这样做了，就会发现这能让你问心无愧、让你头脑清醒。在这一过程中，你会对他人的影响，尤其是对孩子的影响，会更有效。博恩，谢谢你。这真是太棒了。

第四章

数字时代的影响力

丹

博恩，我们来聊聊数字时代的影响力吧，这和我们社会上的技术进展得如何以及其如何施加影响力密切相关。许多人经常将影响力视为人类的努力，但我们在技术层面上的努力也越来越多。

在你40年的职业生涯中，我们经历了经济的巨变，从固定电话、油印机、打字信件、面对面的会议到智能手机、数字文件、电子邮件或文本、Skype（高清实时网络视频）会议；从更大的关注范围到更小的关注范围。你能谈谈数字时代为那些想要变得更有影响力的人带来了什么挑战吗？

博恩

每个人都希望更快捷、更简单、更低价地实现目标，而各种技术帮助我们做到了这一点。通过计算机程序、软件等在线完成所有工作是为了帮助我们更快捷、更简单地实现目标，尤其是沟通方面的目标。事实上，追溯到岩石上的原始雕刻，我们所做的一切，人类历史上的每一次进步，都是为了更快捷、更简单、更经济、更清晰地与更多人交流。

简单插个话：语言的目的是什么？沟通。另外，语言和文字都是浓缩的思想，一个词语就是一个浓缩的思想，这一事实意味着一个词有多层含义。例如，像“爱”“欲望”“希望”“仇恨”“战争”“同情”或“理解”这样的词语都有许多不同的含义。

在牛津词典中，单词“nice”有54个含义，而且每个含义在合适的语境中都是正确的。因此，当出现“nice”这个词时，它可以有10个、20个、30个不同的含义。当你将它与另一个有20或30个含义的词组合在一起时，你可以把非常复杂的思想组合在一起，而一个人通过结合两个词表达出来的复杂思想和另一个人的复杂思想可能截然不同。今天，许多最古老的文本，甚至是《圣经》，都被多次误解，导致它们与原作者所想表达的联系非常有限。

有时，法律合同中的一个词，甚至一个逗号，都会使合同无效。我听到过好几年前在芝加哥发生的法律纠纷。法官得出结论，逗号的位置非常明显地改变了该条款的含义，所以他判决了四千万美元给原告。把逗号放在这个地方，合同的含义就非常不同了，这导致了一个人必须额外支付四千万美元，如果这个人对他的判决提出申诉或上诉，那么金额就将达一亿美元。因此，一个主要条款，要我说，这还是分包含30个章节的合同，它的全部意义，因为这个逗号碰巧在错的时间出现在错的地方而被束之高阁了。

丹

哇噢！

博恩

还有另一件关于影响力有趣的事情：你对我什么都行，但在你说的时候，我可以想“见鬼了，我得下班后才能做这个”或者“我老婆让我回家前去拿一下这个”。这些其他想法打断了我的思想，所以我接收到了你的想法，但却错过了一个关键因素。这叫作“噪声”。

你说的某个词与我听到的不同，所以我用另一个词重复，以确保自己搞清楚了。你说：“不，这不是我的意思，实际上我要说的是‘这个’。”瞧，在简单的对话中会发生多少误解。因此，当我们谈论数字时代的影响时，我们能做的最重要的一件事就是放慢脚步，仔细检查，多次确认，确保正确。

我经营自己的事业时，会要求某人做某事，他说：“好的，我会这样做的。”我说：“现在重复一下我要求你做的事吧。”他会说：“你刚刚让我在这个时间前这样做完这件事。”我会说：“不，那不是我要求的，我要求的是在这个时间前‘那样’做完‘那件事’。”

于是我养成了让人们随身携带笔记本的习惯，让他们带一个速记员的笔记本那样的本子，在我们谈话时，他们把我要求他们做的事情记下来，然后我说“读来听听”，他们就会把它读一遍。在50%的情况下，简单的对话会被误解，他们得到的信息与我所说的不同，这会导致完全不同的行为和结果。

在南北战争期间，人们说南方同盟军势力的最高峰是葛底斯堡战役。南方军队侵入北方，双方军队在宾夕法尼亚州葛底斯堡意外相遇。南方军队从北面过来，而北方军队从南面过来，意外在此地相遇。战斗是在事先毫无计划的情况下开始的，司令部的将军们也不知道发生了什么，军队开始从不同的地方赶来加入战斗。

葛底斯堡战役大战了三天，其中最重要的一天是第二天，当时罗伯特·爱德华·李命令他的主将——朗斯特里特将军在联邦部队的右翼占领阵地，并在适当时机前出至敌人阵地。好吧，朗斯特里特将军并不认为这是最佳的攻击阵地，因此他将战线向前推进了一半然后一天按兵不动。如果他继续向前逼近施压，他可能已经征服了联邦军，因为他们当时还没有压上来，那么南方邦联便将赢得葛底斯堡战役，战争也可能已经结束了。

李前移了他的军队，但朗斯特里特一整天按兵不动。就在下午四点钟，李给朗斯特里特发了一条信息问："你为什么不前移你的部队？"朗斯特里特回答道，"我以为你说的是在我认为合适的时机，再将我的部队前移。"李回答说："是的，但现在已经是合适的时机了，请现在立刻让你的部队前移。"朗斯特里特并不想真的这么做，但他还是照做了。不幸的是，北方军已经准备好了。北方军队一夜之间上来了好几千号人。他们被封锁在被称作公墓岭的地方，当他们前进时，联邦军已占据了高地优势。

战役规模非常大，充斥着大量的杀戮、残暴和死亡，最终南方军队被击退，第二天以僵局结束。如果朗斯特里特在第二天前进，按照李命令朗斯特里特做的那样，那么南方就可能会赢，而内战的结果可能会有所不同。

最终在第三天，很明显北方全面强化了公墓岭这条战线，占据了制高点。李命令由皮克特将军指挥的最后一支军队攻击中心阵地进行突破。皮克特的任务是：组织九个步兵旅向前推进，期间又经历了一系列误解争执。但这时已经太晚了，皮克特的军队被打败击退，南方军队被击败，不得不退回到弗吉尼亚州。当时是南方军的全盛时期，他们之后再无法在关键位置集中起那种规模的军事力量，结果，虽然花了将近两年的时间，南方还是输掉了战争，历史终是历史。

这一切都源于对一个词的误解，以及一个人是否具有是现在向前推进还是当感觉稍后更好一点的时机再向前推进的判断能力。

因此，你每天要查看大量的信息，每天在互联网和电子邮件中都有数百万个单词，对其中任何一个词的解释错误或不同于表达者的意思，都可能导致企业合并的失败、商业中的决策错误或客户的错误行为；它甚至可能导致公司的倒闭或行业的衰落。因此，即使一切都变得越来越快，越来越快，还是需要人能够退后一步，花时间看看发生了什么，分析分析，和其他人一起讨论讨论。

我们之前提过的查理·芒格将这个概念称为“深度思考”。腾出时间叫停，深入缓慢地思考正在传达的信息，思考它的意思，我们该做什么以及不该做什么。

丹

让人们全神贯注已经成为如今的一大挑战，因为人们非常容易分心。我们已经讨论过人们如何将数字设备引入会议。你在做展示的时候，人们一直来回扫视着自己的设备。孩子们经常这样，这会导致驾驶时分心，这着实是个问题。但是，数字世界中是否有一些有关影响力的规则，以及我们应遵循的规则呢？是否有需要保留面对面沟通的类型呢？

我知道你引用了统计数据，大约80%的沟通是肢体语言而不只是言语。那么你对真正想有影响力的人有什么建议呢？数字通信在什么时候合适？你又在什么时候会想保留一对一的交流呢？

博恩

在这个领域，我最喜欢的词是“后果”。在30多年对时间管理的研究过程中，我发现决策的潜在后果决定了该决策的价值或重要性。普林斯顿大学的丹尼尔·卡内曼谈论过快速思考与缓慢思考，他将其称为1号系统思维和2号系统思维。

1号系统是指敏捷的思维，就像在路上开车，急速转弯，避开其他车手。这很直观，有试验性，也有速度，不需要太多深度。如果你只是开车赶路，穿越路上的车辆之类的，这非常合适，因为你时间不够。

当后果很严重时，你就会慢慢思考。如果你做出决定，那么其后果——它会影响多少人以及影响会持续多长时间——可能会很重要。

在教学中，我将长期思考与短期思考两者结合。短期思考就是你的行为产生的后果十分有限时你会做的事情：你会在咖啡里加一块糖，还是两块？但是你选择购买的汽车、你在大学选修的课程、你选择的配偶、你选择的工作、你选择的职业道路——这些可能会产生重大的后果。

对于具有重大潜在后果的事情，你真的需要放慢速度，慢到几乎停下来，才能像国际象棋选手一样真正考虑到后果。国际象棋选手走每一步棋都考虑了很多：我该这样做吗？我该那样做吗？这样做有什么后果？如果我这样做，其他人会怎么做？

丹

那么你是说在缓慢思考和快速思考方面，快速的沟通形式可以通过数字设备完成，因为如果出现错误，代价也会非常小，是吗？

博恩

是的，很轻的后果。

丹

那么重要的、有影响力的讨论或谈判应该在人与人之间当面进行？

博恩

如果所做的决策会产生很大后果，且由此会对市场走向和客户流向起到巨大作用，那么你必须放慢思考的速度。爱德华·班菲尔德说，当后果很重大并具有长期潜力时，你必须非常缓慢地前行。卡内曼也说如果潜在的后果会非常重大，那你必须慢下来。卡内曼认为，在人们应该缓慢思考的情况下，太多人进行了快速思考。

其中最大的一个错误就是还没怎么思考就做出了决定，不去考虑所有可能的后果。再用国际象棋选手举例，一个优秀的国际象棋选手能够洞察比赛可能的走向：如果你这样做，竞争对手就可以那样做；这又要求你这样做，也就意味着对手会那样做，如此不停往复，所以你必须考虑周全。当潜在的后果会很重大时，需要缓慢思考。当后果很小并且可以迅速逆转时，则适合快速思考。

丹

因此，如果对你的公司来说这笔生意足够大、足够重要，你会愿意和这个人见面、了解这个人，以确保交易双方的理解偏差不大。在这种情况下，你似乎仍希望与他人保持联系。

是否在一些领域中，数字化对影响力这方面有所帮助？我想到了在线视频、你的网站、推特和领英。请你谈谈这些新社交媒体平台使用得当时，是如何增强影响力的吧！

博恩

最近商业中最重要的一大进展是对AB思维和快速测试的使用：你可以提出改变某些产品或服务的想法，然后取出测试基础，比如你能想出的10000个名字，这被称为“大数据”，现在大数据可以让我们快速测试。你送出两个产品：产品A保持同一水平的定价，将其发送给5000个人；产品B的价格或提高或降低，同时添加一个独有特点，将其发送给另外5000个人。然后看看得到了什么样的反馈，如果有5000个人对具有新特点的产品做出积极反馈——这些人会因为你新加的好处积极响应并购买新产品——那这就是一个经过验证的测试案例。

有个很妙的规定："如果没有数据，那么你所拥有的只是一种观点。"换句话说，如果你没有数据当证明，那么你所拥有的只是你自己的意见。你有一个好主意，但如果没有数据，它也只能是意见。而现在你可以非常快速地获取数据。

我们的业务中有软件。有人会来找我们说："我们有 20 万或 30 万个客户，希望与你合资。我们希望将你的产品卖给我们的客户，然后分割利润。"我们会说："好吧，先给我们 10000 个或者 5000 个客户的名字来做一下测试。"然后我们会向这 5000 个人发送产品测试的邀请，很快就会知道有多少人回复、他们买了多少，以及与之前相比这次有何不同。我们还将了解他们在其他产品或服务中的消费模式，这些深度数据将为我们提供大量和他们相关的信息。

有时只需一两个小时，就可以确定这份名单是否够好、这些人是否会购买产品、是否会以这个价格购买足够数量的产品，以及我们是否应该继续对整个名单里的 20 万人给出相同的报价。这使我们能够以令人难以置信的速度很快地完成测试，我们上午测试，下午就可以决定是否向这 20 万人发出相同的报价。所以，无非就是测试、测试、再测试，一直进行 AB 测试，然后调整你的产品。

商业界测试产品有一个规则：更改产品的一个元素，保持其他元素不变，将其发送给 5000 人，然后再查看回应率。你得到了实质性的积极回复吗？这能告诉你该朝哪个方向前进。如果你得到的消极回应和销售额下降之类的消息比积极回复更多，那么你就可以迅速撤回并停止生产。因此，规则总是测试、测试、再测试，然后尽快地证明、证明、再证明。

现如今，有时公司会在同一天对同一产品进行两次或三次 AB 测试，并在同一天对产品稍做调整或改变。规则是通过测试查看你的底线是什么，然后更改产品中的某些内容以查看它与底线间的差异。如果积极回复增多，说明是个好兆头；如果减少，说明不是个好迹象，那你就可以撤回；如果确实有效，那你可以继续推进。你需要不断地这样做，公司每天都会这样做，有时每天都会做好几次，尤其是那些数据库中有数百万人的公司。

丹

那社交媒体呢？你觉得推特、脸书和领英等媒介是传播你品牌或影响他人的有用工具吗？

博恩

要记住，每个人都是贪婪自私、野心勃勃、虚荣无知、没有耐心的，所有人都在问："这对我有什么用？"你发出的每一个广告都试图影响人们让他们做些没有与你交流时本不会做的事。人们总是在想，"我怎样才能受益？我怎样才能受益？"当他们看到广告时，他们想知道的第一件事就是"它对我有什么用？"所以你的标题必须暗示：如果你留意到这个广告，你的生活将得到快速、即时、值得、有价值且比同类产品更优质的改善等等。

经济学中最重要的原则是稀缺原则。我写过一本名为《商业成功100条法则》的书，在其中，我讨论了几个经济学定律，这些定律清楚地证明了在经济学中“稀缺就是一切”。人们的金钱、时间、资源和能源都有限，他们希望以最少代价获得最大收益，所以会不断寻找能够以最快方式和最低成本改善生活的产品和服务。

因此，如今的所有的营销都试图到达这个最佳位置，让人们说：“啊！我想要那个产品，现在就想要。”首先要让他们注意到产品，然后让他们回应，购买并使用产品，让他们对产品满意，愿意当回头客。

在当今的营销中，你必须为人们提供一些东西，通常这些东西是免费的，或者成本非常低，或是有很高保障。我有个好朋友做电商非常成功，他在谷歌买关键词，“自信”是他会买的一个词，然后他会在后面加上感叹号或问号。一个觉得自己缺乏自信的人会翻到这个词然后循着这个词语，点击“自信”一词。自信能让你在人生的所有情况下无所畏惧，能让你清晰明确地讲话，能让人们留意到你、被你的观点影响，并购买你的产品和服务，那么你想怎么才能变得更加自信呢？

一个人说：“对对对，我想要那个产品。”“好吧，点击这里，然后产品就在这里了。”他们会为你提供一个自信版块，例如说“采取行动的人实现了目标，所以行动就是发展和保持自信的一切。有关更多信息，请单击此处”。同时会附上关于行动的一篇文章或几个段落。然后它就像用漏斗漏水一样推动人们，让他们得出如果真想要培养高度的自信心，就该读完整本书的结论。

你必须开始问："这是你想要的东西吗？如果是，你可以先试用一下感受感受。"你必须一步步引导他们，让这个人开始相信"是的，如果我做这些事，我会更加自信，我会影响他人，人们会听我的话，并根据我的建议行事"，最终你就能把关于自信的产品卖出去。

营销的整体目的是提供人们想要和即时需要的产品。人们觉得，如果自己更加自信，他们就能要求加薪、找女孩约会、设定更高的目标、停止更多的促销、解雇让人不满的员工等等。所有营销的基础都是为人们提供此时此地所需之物。

还有另一点：你试着影响对产品或服务心动且有需要的人，而不会试着影响将来某时才想要或需要该产品或服务的人，你想找的是此时此刻就需要该产品或服务的人。

我们使用的其中一例：假设你以卖手持式灭火器谋生，遇到了一个头发着火的男人。这样卖产品很有希望，因为这个人想要且需要灭火器，而且他的想要和需要就在此时此刻。他几乎愿意为此付出任何代价，拿到灭火器的好处颇大，所以他愿意立即做出购买决定。这就是你在客户中所要寻找的：想要并且需要它的人、可以使用它的人、当你向他们展示产品的这一刻买得起的人。

丹

这个观点很棒。如果人们遵循这一规则，特别是在涉及到营销方面的影响力时，会发现如果你要给人们指定要采取的行动，或者给他拿做参考用的具体产品，就需要善用社交媒体。如果只是在那里胡言乱语，或者没有想办法真正吸引客户，随意留了个联系方式，人们会说“小伙，这样我赚不到钱”，因为你并没有真正提供他们需要采取的行动。

博恩，我们再稍微说说商业世界吧，我想特别给你说一些可以让影响力这一技能发挥作用的领域。商业世界中有多种使用影响力技能的方式，其中一个最明显的是销售行业，这是个非常重要的领域，所以我们将在下一主题单独对其讨论。

在这段时间，我想列出商业中除销售外的领域，并请你分享一些在这些特定领域中发挥更有效影响力的最佳原则、理念或策略。

第一类是管理，特别是中层管理人员。在培养下属成为更高效的执行者时，为了能更具影响力，你对他们有何建议？

博恩

最开始就要意识到每个人做事都有自己的理由，而不是你的理由，所以每当你提出一个新想法、新信息，请记住每次都要把它当成一种改善他人生活或工作的方式提出。一个人必须看到你要求他们做的事与他们自身条件有所改善这两者间的直接联系。

记住这个基本的心理原则：人们只会为了改善自我而行动。所以你需要表明：如果他们做得好，就可以改善自己的情况；就可以做出更大的贡献，而这将让他们更有价值、更受尊重；就可以证明他们有承担更大责任的能力，然后赚取更多收入等等。我们要一直根据人们的需求来思考。告诉商界的人他们将如何变得更好、如何更受尊重、如何获得卓越的成果以及如果做得好，将如何前进。

我们都说职业军人祈求和平，但也期待战争。他们祈求和平，是因为战争太过可怕，很多人会被杀戮；他们期待战争，是因为其中有快速晋升的机会。正如他们所说的那样，战争中有很多机会让你崭露头角，让你在危险的情况下大放异彩，让你带回战场上的胜果，这都会让你迅速晋升。在战争时期，你在几周或几个月内得到的晋升可能比在和平时期整个军队生涯中得到的晋升都更快。

这便是影响他人的方法之一：告诉别人如果他在这方面做得很好，这可以为他打开各种各样的大门。这很重要，因为正如我所说，人类都是懒惰、贪婪但有野心的，人们希望获得成功，希望不断向前，也希望得到激励自己做得更好的向前机会。

丹

博恩，我保证你曾进入过董事会并为公司提了很多建议。如果你是董事会成员，你会如何帮助并影响 CEO 或邀你参加董事会的股东呢？你认为你的角色是什么？你在这种场合怎么能更有影响力？

博恩

我参加过两三个董事会，由于我有战略规划方面的背景，他们经常让我为他们的组织进行战略规划。在会议开始前，我会与不同的董事会成员交谈，我知道这些董事会成员具有影响力，别人也会听他们的话。我不会把一大堆崭新的想法砸给他们，而是先过核对一下我准备讲的内容，谈谈当天会议结束时，我们希望在达成共识的基础上进展到哪一步，并告诉他们我真心需要他们的参与。同时，我也会问问对于促成这次会议的成功并让大家齐心协力奔向新方向，他们是否有问题或建议？还会说："你们被董事会的所有人高度尊重，所以你们所说的话以及你们的贡献也会受到高度尊重，衷心感谢各位的帮助。"

我上个月刚参加了一次董事会，其实是我为一个大型国际组织举办了一次董事会会议。我在会前以这种方式让高级别董事加入进来。会上大约有 22 名成员，我走到桌旁说："比尔、艾德、萨姆、杰瑞，你对这个特别的想法或者这个方向怎么看？"他们已经做好准备，发表了他们的观点并分析其利弊。他们非常清醒、非常明晰地说"我建议我们朝着这个方向前进"，而这都是我们事先商讨过的。

会议结束时，我们已达成共识，也形成了高度一致。这些人会更受尊重，会有更高的声望。人们对他们表示尊敬，并在休息时说："评论得非常好，你的意见很有价值。"如此一来，他们开心，董事会也开心。在幕后和我密切合作的董事长很高兴，因为他本以为会阻碍他的人最终倒成为了他最佳的支持者。

我们谈到了过度准备，好吧，是预先准备。如果你希望有更多人参会，请提前与他们联系，让他们参与进来，告诉他们我们要做什么、要去哪里，并让他们贡献一点点价值。这样做对你的帮助一定会让你大吃一惊。

丹

说到会议，我们有时会参加无休止的会议，可这些会议似乎只是在原地打转。开完会后，没人知道谁是核心，什么事都没有搞定，什么成就都没有达成。我曾经参与过这样的组织，两个半小时的会议期间的所有这些事情都会被弃之不顾。我离开会场后，第二天对会议内容就一无所知了。

你对一般的会议有什么建议？怎么才能在会议上更有影响力，让会议更成功，从而在真正意义上实现目标并让人采取行动呢？

博恩

这就是我的工作。我开会时会先解释会议纲要："我们今天的工作是在这些特定领域做出重要决定。"我也会说："这是我的方法，我们不想要有人投赞成票、有人投反对票、有人参与、有人不参与的民主党，我们希望这里的每个人对我们达成的共识都非常明晰、非常满意、非常赞成。这需要你们最佳的思考和最大的贡献，我希望你们都能有所贡献。"

我会使些手法，例如拿张 100 美元的钞票，用回形针或笔把它夹在白板上，说："这 100 美元给今天讨论过程中第一个提出愚蠢问题或发表愚蠢评论的人。我可以向你承诺：没有人会得到这 100 美元，因为不会有愚蠢的评论，愚蠢的问题，或者愚蠢的见解，这里很开放，一切都能被接受。"

他们全都对此笑笑，之后他们问了些有趣的问题，有时也问些愚蠢的问题之类的，我说："不，没有人能得到这 100 美元。"然后我们继续开会，每个人都感到非常放松：这个怎么样？那个又怎么样？为什么我们不这样做或为什么不那样做呢？我们有没有想过做和现在所做的相反的事？

作为主持人，我总会说："这是个好主意。从相反的角度来看，你必须要问我们是否应该涉足这个领域，这是一个好问题。但仍然没人能拿到这 100 美元。"会议进行的很好，到最后，每个人都在分享他们最好的想法，做出各自的贡献，在这天结束时，每个人都说："没错，这很棒。"所以如果你要组织会议，那你不妨说："今天结束时，我们将完全达成共识，大家将赞同各自的看法，所有人都会对结论感到满意。"

丹

得到结论后，在散会后接下来的一周重新召开会议时，你如何确保自己仍朝着会议上确立的目标越走越近呢？换句话说，如何确保人们仍不断向目标前进？你有办法让人们承担责任吗？

我参加过类似的会议，最后我们达成共识，每个人都说"这很棒"，其他人也都同意。众人散去，一周后回来，我发现共识达成了，但却没有进一步制订计划。有什么办法可以保证人们在会议结束后一定能把事情完成呢？

博恩

这是一个很大，也很常见的问题。所有人达成共识，相互击掌，散会，一周后回来，却发现什么也没发生。原因很常见：具体责任没有分配到人，也没说具体数量和具体期限。所以你要说，我们同意确切地分配要做什么，谁来做，什么时候完成，再加上对完成度的衡量。

如果你们事先就这个问题达成一致，而且每个人都说“好的，我们会这样做”，那究竟是谁来完成全部内容或部分内容呢？在什么时候以什么方式衡量结果呢？我们可以四处走动，某人说：“我可以做这个，做那个。”“那天什么时间做完呢？”“我会在周三之前完成。”“周三什么时候？”“周三两点。”好的。我们如何衡量它是否已经完成？它的数量是多少？他们会说：“我们将在一天这个时候完成这么多的事情，我本人将对此负责。”

所以每个人都非常清楚，我们可以把这些写下来。一旦你把它写下来，你就能看到时间，然后把这张纸传下去，每个人都能在纸上看到每个人承诺要做的事情以及确切的完成时间和衡量方法。

商业中有一个很棒的观点，即如果你想成功，就要衡量一切。如果你想变得富有，就要在经济上衡量一切。在商业中讨论任何事情时，你最好能在每项活动前加上财务数据，然后在每项职责前加上财务数据，这个财务数据就是衡量我们是否实现这一目标的方法。

丹

企业家经常要面对的一大困难就是从风险投资家那里获得融资，尤其是在生意早期或如果他不打算用最小的成本开展业务。如果有人想要影响风险投资家，你建议他们做些什么？你如何说服他们资助你这位企业家？

博恩

风险投资家非常像银行家。银行家的业务是提供良性贷款，良性贷款是偿还有着高度一致性和可靠性的贷款。银行家的职业生涯取决于他们提供良性贷款的频率，也取决于他们是否提供过不良贷款。因此，每当你与他人谈话，向他们要钱时，他们首先关心的是能否把钱收回来。而他们在何处把钱借出去是没有限制的，所以这不是问题。

你在电视上看到一位女士走进银行家办公室的广告，这位女士的信用评级很高，她把脚放在桌子上说："我已经获得了信用评级，你可以做得更好。"她的行为就像是信用评级让她拥有了银行家，而银行家的行为则像是必须默许给她一笔贷款。好吧，无论是谁把这些广告拼在一起，都是在欺骗对银行业无知的公众。事实上，对银行家来说，最安全的词是"不"，对风险投资家来也是如此，因为这不会对他们的职业生涯造成危险。

但如果他们放出的贷款没人偿还，或者只是没按时偿还，他们的职业生涯就会陷入危险，因为人们将这些称为"不良贷款"。每个银行都有经理，而且有不同级别，人们根据经理批了多少不良贷款以及他们账面上有多少不良贷款来评判他们。拥有太多不良贷款的银行家面临着巨大的危险，如你所见，有几起银行家在老板背后偷偷摸摸而导致银行破产的案例，他们提供的贷款不符合财务要求，但他们个人认为这对银行来说是个好机会，之后他们不得不越来越多地投入，越来越多地隐瞒，最后因为几十亿美元搞垮了公司，扼杀了整个银行，这简直是大型国际丑闻。这在银行界是最恐怖的故事，所以银行家的底线是希望提供安全的贷款。你的工作是说服他们相信贷款给你很安全：如果你把这笔钱借给我，这会很安全、很明智，我保证一定会还贷的。

我记得我来到圣地亚哥时，开了第一个银行账户，那是个公司账户，然后我去贷款。好吧，我当时并不清楚虽然我的公司已经经营了五年，但一直在加拿大，于是我便走了银行。我有资产，有现金流水，也有足够的钱租办公室、买家具、租家具，我有房有车有钱，也有银行账户，但当时他们却像对待身无分文、刚走上街头讨钱的流浪汉一样对待我。

后来我和这家银行的银行家交了朋友，了解到银行每借出一美元，就需要五美元作为抵押，所以你必须向他们证明如果他们贷给你一美元，你其他地方有五美元以备不时之需。我必须证明我的音频节目在奈廷格尔–科南特这样的地方有特许权使用费，必须签名确认将这笔特许权使用费转到银行，这样以来，一旦有任何延迟还贷的情况，就会安排奈廷格尔–科南特直接把特许权使用费转给银行，而不会转给我。我有套房子，所以必须签名确认把房子也作为抵押。当时必须支付 20%的押金才能获得抵押贷款，所以我的房子有超过十万美元的房产净值，但我不得不在那里签字。这全部都是为了一笔五万美元的贷款。

之后我和客户有业务往来，也有应收账款，一旦有钱转进来，我就得签字把钱转交出去；我还必须签字转交我的汽车，以及和其他两位投资者一起买的一处房产；我基本上必须把他们能接受的东西凑到一起，符合每借出一美元就有五美元作为抵押的条件，然后才能贷到款。而最终，我贷到了款。

这是你最开始从银行贷款时的标准，对没有银行信用记录的人来说，标准就是他们需要 5∶1 的杠杆比例，5∶1 的抵押品。

我记得一位教授在某次讲座上说，在你创业时，万万不可投自己的钱，要用银行的钱。你去银行贷款，把自己的钱作为储备金，用于自己的开支。自己的钱一分都别花，要让银行做投资。然后告诉大家如何准备财务报表，向银行表明自己将会有销售额和收入，一切都会很顺利。

他当时给 MBA 学生提的建议，我至今还是持“摇头”态度。如果你带着这样的想法去银行——我不会把自己的钱投进去，但希望你能因为我这个天花乱坠的小商业计划而给我 100%的融资——那他们只会对你呵呵一笑，请你出去。银行工作人员会出来站在门口嘲笑你，因为你的想法太荒谬了。

再说回到抵押贷款，你影响他们的方式是说服他们相信贷款给你绝对安全。因为你目前能赚到钱、之前也挣到了钱，并在其他业务中有成功经验，这会是笔安全的贷款。

特别是在硅谷，有的上班族会经历我刚刚所说的这些事，最终让银行借给他们一点点，然后逐步再多借一点点，终于达到了银行向他们提供大笔资金的程度，并在最终取得成功。在能够更快之前，你必须非常缓慢地爬行；在开始走得更快之前，你得从慢慢走路开始。最终，你走向成功，赚了很多钱。你所有的投资者都得到了回报，你的银行家得到了回报，你打开香槟，宣布公司上市，让每个人都赚钱。

此后银行会很乐意资助你，因为你已经证明了自己的“商业价值”，也证明了自己用别人的钱赚取利润来还贷的能力。其实对于在商业上取得成功的人，银行家都排队想借贷给他，他们喜欢借钱给那些已经证明能拿着你的钱安全可靠地赚钱的人。

银行家或资金来源者们寻求的另一件事是你达到目标数据的能力。彼得·德鲁克指出了这一点。例如你说你在第一年将达到10万美元的销售额和1万美元的利润，第二年25万美元销售额，第三年50万美元销售额，依此类推。其实银行家看的是数据间的紧密度，数据的偏差无论是上升的还是下降的对你来说同样糟糕。

假设你计划让第一年的销售额达到10万美元，但实际达到了20万美元。这会让银行家觉得你并不真正了解你的数据和业务，也不是真正明白自己在做什么。他们觉得你没能力做正确的计划，不了解你的市场、你的定价和你的竞争对手。人们会认为：“我洗劫了银行，搅乱了所有数据。”而实际上，资助方会认为这是一种损害，因为这意味着你不知道自己在财务方面做了什么。

所以一定要非常周到地对待自己的财务计划，确保准确无误，然后达成计划，这会对你的资助方产生巨大的影响。如果一个人在记录中有能力按时达成销售额和利润额，那么贷款给这个人是很安全的，这样你就可以有很大的影响力。

我曾经的一个同事打个电话就借到了5000万美元，我亲眼看着他做成了这件事。那是他让我负责的一项重要业务，我已经写好了完整的财务报告，并确定了18个月所需的金额，所以他就打电话给一家大银行的总裁说：“我需要5000万美元，我们列出了所有数据，一会儿把这些发给你仔细看看，但我大概需要5000万美元，之后可以考虑这个规模两到三倍的业务。”银行家说：“好吧，查尔斯，如果你说这个数可以，那我们就在电话里批准了，把文件发过来吧。”

丹

博恩，如今，企业的另一重大领域是对优秀人才的聘用，而且据说如今企业之间的差异基本上就是各自员工的聪明才智。你如何聘请优秀的人才，影响其中最优秀、最聪明的人、表现得最好的人来为你的组织工作呢？什么能影响优秀人才让他们加入你的组织？

博恩

首先，如果你在招贤纳士，那最重要的就是做功课——做大量的背景调查。世界上一些巨头公司由于没有做充分的尽职调查而犯下了大错。“背景调查”是商业中我最喜欢的四个字。

人们总是倾向于注重他们的成就。我们曾经拍摄了很多视频，当然现在也在拍，所以需要雇佣一些人，而这些人几乎总是以自由职业者的身份工作。他们说他们曾负责了某个特定视频的制作，为某个特定的公司制作了这个特别的视频。你觉得很棒，后来去调查时才发现他们只是该视频的摄影师或音响师。他们告诉你他们制作了视频，但事实证明制作组有 12 个人左右，他只是那 1/12。这就是行业的标准：人们会因之前所从事的所有工作而得到充分信任。

对于商业而言，假设某人声称自己负责建立了某公司市值百万美元的分部。你可以打电话给该公司问："这个人在这个项目中的实际角色是什么？"嗯，事实证明他们只是庞大工作团队中的一员。

根据大型猎头公司的说法，54%的简历都会被夸大，都是谎言。因此，当面试一个人，看他们的简历时，你可以说："我会与这份推荐名单上的所有人谈谈，你们有什么想提前告诉我的吗？"此刻你会非常惊讶，因为他们会开始告诉你真相。

所以一定要再三调查。规定是至少调查三个和这个人共事过的人，问他们："你和谁一起工作？谁是你的老板？谁是你合作的关键人物？"然后分别打电话给这些人。和他共事过的人，总有一个会给出很多的见解。一定要做很多很多的尽职调查，唯一能确切预测未来表现的就是过去的表现，所以你唯一可以依赖的就是这个人过去确实完成了某事，而且其他人也说他们完成了——"是的，这个人负责了这件事，他完成了这件事，而且做得很好。"好的。

我们来谈谈成果的可转移性。你雇人是因为你相信他们已经在其他地方获得了可以转移到你这边的成果，而且他们能获得之前为另一个组织获得的相同成果。因此，如果你被雇用，你必须向他们证明，没错，你确实获得了这些成果。

我很幸运，我的职业生涯中有一些很棒的经历，实际上我进口了价值2500万美元的车辆并将其出售；我开发了价值3亿美元的房地产并将其出售或出租。不管怎么说，我的顾客，也就是这些财产的所有者，和金钱、租约并排坐，而这些房产要么售出、要么全权出租、要么有租户入住，这些所有人都可以去调查。

所以最重要的就是调查。如果你要雇用某人，请再三调查；如果你将被雇用，请一定要证明自己可以履行诺言。

丹

真棒！假设你很想雇用一个员工，并且已经对他做过了调查，知道他有能力，但是他收到了不同组织的很多录用通知。要让他相信你的组织最适合他、最能吸引优秀人才前来工作，你觉得做什么最有影响力？

博恩

微软、谷歌或苹果都是优秀典范。这三家公司是最热门的工作场所。它们招收实习生，实习生在三到六个月内低薪或无薪工作，只是为了展示自己的能力。这些公司会有实习生课程，会给实习生安排任务，然后会随同实习生课程等内容定期监督任务进度。而实习生的工作就是证明如果公司全职雇用他们，他们将是非常优秀的员工。

众所周知，如果你在谷歌工作两年，就能在北美甚至全世界的高科技领域找到工作。所以人们会去谷歌低薪工作，或者甚至去当实习生。如果他们能够在谷歌工作，工作两年后决定离职，那么几乎所有高科技公司都会雇用他们，因为谷歌入职的标准非常高。谷歌上个月需要七个人，于是发布了一则招聘启事，然后收到了超过 5000 个应用程序。应聘者都是顶尖大学 STEM（科学、技术、工程、数学）领域的顶级毕业生：他们对数学、技术、工程非常了解，都是精英中的精英，而此次应聘人数超过了 5000，因为这些人知道，如果他们能在简历里附上一个说明他们曾在谷歌工作了两年的印章，那就能找到一个有最佳同事、最佳薪水的工作。

我一位朋友从一家高科技公司跳槽到另一家。我觉得第一家公司——硅谷的一家公司——给了他 8 万美元年薪，之后他以 12 万美元的年薪附加签约奖金被苹果公司雇用。一年后，他以 25 万美元年薪附加奖金被谷歌挖走。因为他有这样的背景，所以这些公司愿意在他 25 岁时就把钱塞到他手上。这是个非常聪明的年轻人，但请注意，尽管如此，这也是因为他有这种经历。

我有位朋友拥有并经营着两家非常成功的餐厅，餐厅永远都坐满了人。我问他："米奇，拥有一家成功餐厅有什么秘诀？"他说："很简单，把它放在盘子上。"我说："什么意思？"他说："你可以拥有很多装饰、灯光、桃花心木、音乐、工作人员以及其他一切，但最重要的都放在盘子上——也就是顾客点的菜，菜的色香味比什么都重要。"

我刚刚在听一个讲如何成为专业演讲者的音频节目。其中一项常见的建议就是把它放在舞台上，也就是说，应聘演讲者的最佳广告就是做一个很棒的演讲，让人们在你发表演讲时对你的演讲留下深刻印象。如果你能做到这一点，那么你就会被多次雇用。把它放在盘子上！

你的职业生涯也是如此。我之前提过，90%的商业成功以客户对比同类产品后认可的产品质量为基础。最成功的公司拥有最高质量的产品，其次的公司对应其次的产品，以此类推。而三四等的公司，甚至没人知道它们的名字。如果你是企业主，请专注于提供真正高质量的产品；如果你是某个个体，90%的成功取决于你所做工作的质量。如果你做的工作非常优秀，那将传至大街小巷，仿佛街上有个游行乐队在宣布你做的工作质量很高，而后人们就会把你找出来。

有时我会问观众："怎么辨别一家公司销售的产品是否真正受欢迎呢？让我们拿一家商店举例。"嗯，答案是，有很多人来到这个商店，比如 Krispy Kreme 甜甜圈店。高峰期时，会有人在街上排队买他们家的甜甜圈，有时能看到队伍里有 100 人。人们会买十几个坐在路边或桌子上吃，因为甜甜圈太美味了。

那怎么辨别一家餐馆好不好呢？人满了。怎么辨别一家商店好不好？人满了。那现在你如何辨别你是否真的擅长自己的工作呢？答案就是：你能经常获得工作机会。人们总是为你提供更好的工作，如果你继续为他们工作，他们愿意给你加薪。

今天我不会让任何人难堪，我来问问题，但大家不用举手。问题是：这个月你得到了多少工作机会？有多少人私下或公开地接近你，打电话到你家和办公室，带你出去喝咖啡、喝茶、吃午饭之类的，然后给你提供一份工作并提出加薪？因为这就是市场告诉你你在盘子里放了什么的方式，这就是市场告诉你你正在做顶级工作的方式，因为谁做得最好，大家都看在眼里。

我和创业的公司老板一起工作过。他们问的第一个问题是“来看看竞争对手，本城同行业中最好的公司是哪个？”别人回答“ABC 公司”或“IBM 公司”。他们会说：“太好了。谁是那边最优秀的人？”他们会找出谁是最佳销售员、最佳经理、最佳会计审计和最佳托运人等等，然后说：“好，帮我约一下，我想和那个人谈谈。”于是有人打电话给这些人说：“我的老板是这家新公司的总裁，他想约你共进午餐。”

我有个朋友一直都这样做，他问：“他们在那边给你多少钱？”“我不知道能不能告诉你。”“没关系，这是保密的，告诉我你在那边工作他们给你多少钱？”那个人说：“我每年得到 11 万美元的报酬。”他说：“我想告诉你：如果你来为我做同样的工作，我会多付 50%。”如果是公司总裁，是一把手，那他会说：“好吧，我多付你一倍。无论他们那边给你多少，我都给你加一倍。”

那个人说：“哇，那可是一大笔钱。”现在他已经乐开花，在心里与甜言蜜语和小精灵共舞了。如果收入增加一倍，能做些什么？房子面积加倍；送孩子去私立学校；去巴黎度假；给妻子买件高档衣服；给自己买件量身定制的好看衣服；买新家具；在房后加个新泳池；加入高尔夫俱乐部。可以想想赚两倍工资时，你能做的所有事。

我一个朋友接受邀请说：“好吧，我会接受你提供的机会，但你如何付给我两倍的薪水？根据财务报表，公司只是勉强过得去，你们并没有那么多钱。”另一个人说：“你会解决这个问题的，你是总裁，是你在经营这家公司。你自己会弄清楚从哪里获得额外的销售额和盈利额，用来给自己发薪水。你能做到吗？如果不能，我就找错人了。”我的朋友说：“不，不，等等。我知道我们可以推动贵公司的销售。”

这就是这位企业家会做的事：他会雇人，买几家公司，这是他的标准化策略。别人说：“你怎么得到这笔钱？”他会说：“你会帮我得到这笔钱，你将增加销售额和盈利额，这样我们才能够支付你两倍的薪水。”而这些人最终几乎总是能做成这件事。

丹

那很棒。这是真正把人当作投资而不是成本。将人们视为投资，同时也激励他们发展业务，这个想法棒极了！

THE SCIENCE OF INFLUENCE

How to Inspire Yourself and Others to Greatness

第五章

销售中的影响力

丹

博恩，现在我想和你谈谈我认为最有影响力的职业——销售行业。你和我认识的其他人一样了解这个话题，我非常渴望与你讨论这个问题，因为这是个围绕着影响他人根据最佳利益做出购买决定的职业。

我想与你深入探讨这个问题，尤其是因为销售人员会阅读这本书，希望得到一些适用于他们生活的特定策略。但在许多方面，无论人们在哪行哪业，他们的职业中都会涉及到销售。像我们之前所说的那样，人们需要具备向风投家销售想法的能力。你甚至需要向孩子销售你的世界观。

销售行业的影响力和成功如何相关？你是如何学会影响一个客户但又不走向咄咄逼人或气势凌人的极端？你如何保持这种平衡呢？

博恩

丹尼尔·戈尔曼几年前写了本轰动一时的书——《情商》。他说，你的情商是你与他人有效互动的能力，情商要比智商更重要。他认为情商占成功的85%——你能够说服、影响、转变他人或者与他人谈判、沟通从而让他们做（或不做）一些事，但如果没有你的影响，他们本不会做（或不做）这些事。每个领域最成功的人都比其他人更有影响力。他们会对他人产生影响：其他人聆听他们所说的，去做（或不做）某些事。

我从年轻时开始做销售，实际上我十岁的时候就开始挨家挨户做销售了。最开始我卖肥皂，后来推销草坪修剪服务，再之后又卖圣诞树和报纸。然后我当了几年的工人，24岁的时候又重新开始做销售，开始走出去敲门。当时整个销售培训流程是：你的名片在这里，你的小手册在这里，门就在那里。我曾经开玩笑说，为了谋生而不经任何培训是我们国家最好的减肥计划。在我开始销售后，我瘦了大概10磅（约9千克），因为我长时间工作，但都只是在敲门、展示产品，却没有达成交易。

我并不害怕工作，因为此前我一直在做体力活——在制造厂、工厂、船只甚至农场工作。我会出去敲一天的门，我算了算，我每天可能会敲60到70家门。在我做销售的第一年，大概拨打了20000个电话，平均每天拨打70个电话，总共被拒绝了19500次，但我还是一直在敲门，直到最后开始问：为什么有些人比其他人更成功？我发现销售过程与和人交流，说服或影响其他人的过程非常相似。

假如你正在敲门，遇到了一个以前从未见过的人。你的目标是从那次见面开始说服他们掏腰包买你的产品，这样就可以一手交钱，一手交货，各取所需。由于当今销售的设计方式，它会承诺产品或服务与所你描述的一致，而你在之后需要兑现承诺。所以人们花钱买的是承诺，说服人们这样做非常困难。你四处说：

“我有承诺，可谁会给我钱呢？”如果你愿意，你卖的就是空气。

六个月后，我去找了公司的一位顶级销售员，问他“为什么你比我更成功？为什么你的销售量是其他人的十倍？”他赚了很多钱，非常成功。他说：“告诉我你的销售过程，我给你分析分析。”我说：“我没有销售流程，我只是在人们面前和他们交谈。我告诉他们我的产品是什么、我的服务是什么、产品或服务又是如何起作用的。”他说：“不，你不该这样做，当你遇到一个陌生人时，你要做的第一件事就是向他们提问。”我们之前也谈到过有魅力的人和提问之间的关系。你问的问题越多，并且仔细聆听问题的答案，人们就会越喜欢你、越信任你。

从此以后，我开始研究销售领域。首先，我会提问，而不是说话。我会问人们他们在我的产品领域里买过什么？它是否适合他们？他们对未来有什么计划？他们的目标是什么？如果我能告诉他们一个实现目标的更好方法，他们是否有兴趣了解一下？自从开始问问题，我的销售额上升了，之后不断上涨，一年之内我的销售额增长了十倍。我开始阅读与销售相关的每本书和每篇文章，我开始收听第一个关于销售的音频节目——正如我们所说，这都是“想当年”的事情了。

我开始参加销售研讨会和销售工作坊，这都是我以前从未去过的，听了精英人士的发言：“这就是我们销售产品的方式。”这种方式总是以开场白、介绍开始，建立融洽关系后开始提问，让人喜欢上你，然后仔细聆听回答；知道这些潜在客户正在做什么以及他们需要什么之后，再告诉他们你的产品或服务将如何帮助他们实现目标，如何让他们以一个合理的价格比当前更快地改善生活；然后回答他们的问题或异议，达成交易；最终获得回购，并得到他们的介绍和推荐——这些事我们刚刚都谈到了。

在我开始研究这一领域时，我发现已有大量对此的研究，这些研究斥资数百万美元，不仅局限于书架上基本所有书都涉及到的销售过程、成功的销售人员做了什么，还对客户经历的流程做了一些研究，从接到电话推销开始：与销售人员见面，从未见过或考虑过他们的产品。他们经历了什么，让他们说出“给，把钱给你”？我开始从两方面研究，我发现这两方面就像两个齿轮或手套里的手一样契合，如果你按照客户购买的方法销售，你就能卖得越来越多。

这在当时对我来说是最令人惊讶的事情，所以我放弃了原来的方式然后看了研究，发现人际关系的整体理念上有许多需要经营管理之处，但人们认为它们是理所当然的：它是销售过程的一部分，你当然得建立关系。我发现，哈佛商学院的西奥多·莱维特也发现，所有出售都是人际关系的出售，所有销售都是人际关系的销售。你所有的成功都取决于潜在客户对你的了解程度、喜爱程度、信任程度、满意程度以及向你购买产品或服务的意愿程度。

2006 年出版了《魅力赢天下》一书，这本书基本上是讲在 1 到 10 的范围内，你受客户欢迎的程度是什么？因为这可以确定客户是否会向你购买产品或服务。如果他们不喜欢你、不信任你、觉得你所做的不符合他们的最佳利益，那么即使他们想要你的产品或服务，也不会在你这里买。

我走出门开始把这点教给别人，我称之为“销售心理学”，后来称之为销售的“新心理学”。如你所知，音频节目《销售中的心理学》，即是我们讨论这些内容的扩展版本，有 16 种语言版本，成为了全球最畅销的音频节目。很多人因此成为了百万富翁，即使是从大公司的顶级培训课程结业的人也认为是这个课程让他们成为了百万富翁，让他们从一贫如洗到家财万贯。

我之前被邀请去一家大型公司，一家全球 500 强演讲。我的座谈会在上午 10 点 30 分开始，我到了这家漂亮的酒店，看到那里有大型的自助餐，于是我走去吃自助餐。我取了一盘早餐，然后走过去和大约四五个人坐在一起。

嗯，我不认识他们，他们也不认识我，所以我坐下来向他们自我介绍。我说："我是博恩·崔西，你们今天的演讲者。"其中一个人说："你是博恩·崔西？哇，太棒了。我第一次听《销售中的心理学》这个节目时，我的销售水平还在最低谷。我在这里待了好几年，一直不断努力，如今我成为了公司的顶级推销员。"

另一个人说："这算什么，我开始听博恩·崔西的节目时，还是一名推销员，干得也相当不错。我做得相当不错，所以升职成为这家国营公司的销售副总裁。"

第三个人说："好吧，我的故事相同，但我更成功，所以他们给我分了一部分股权。我买下股份，最后还买了其他合伙人的股份。"这家公司是家国营公司。"现在我拥有了这家公司，"他说，"而这一切都是因为听了博恩·崔西的节目。"第四个人问："你到底是谁？"其他人说："这个人的想法正在改变生活。"

这就是为什么我会被邀请与数百个这样的群体交谈。这些人非常成功，除了少数例外，都把我的《销售中的心理学》当作圣经。就在上周，有人告诉我："《销售中的心理学》改变了我的生活。”两周前也有人告诉我同样的事情。全欧洲、全世界的人都说：“我当时很挣扎，很平庸，直到后来听了你的节目——《销售中的心理学》。”

我在 24 岁或 25 岁时开始学习销售中的心理学。成为成功的销售人员需要经历什么思维过程？让人们从你这里购买产品或服务必须要经历什么思维过程？

事实证明这在世界范围内都是真实有效的。它在中国有效，在俄罗斯也有效。这些原则适用于非洲、亚洲、欧洲和美国的各个地方，因此它成为了全球最畅销的单一音频节目。

基本而言，我发现销售是达到最高水平的影响力，现在我来说说可用的七项关键技能。

当然，销售的第一件事：必须在你与人交谈前，弄清楚这个人是否想要、需要、能够使用并且负担得起你的产品或服务。如果他们明显不感兴趣，或者不需要，或者因生活状况所限而不想要，你就不会和他们交谈并试图向他们销售产品或服务。因此首先要从随意的谈话中发现人们的目标是什么、他们的长期目标是什么、他们现在处理的问题是什么、他们目前的生活或工作情况是什么等等。当你这样做时，你也在建立融洽关系和信任。

去年有两本关于这个主题的书，一本是关于影响力的，另一本是关于品牌推广的。我记不太清书名了，尽管这两本书是我国对立的两方研究人员撰写的，但两本书都得出了相同的结论——潜在客户在遇到另一个人时首先寻求的是——任何人在遇到另一个人时首先寻求的是——温暖和信任。温暖和友善是最重要的品质。在这些建立之前，人们不会有兴趣和你进行交易。

橄榄球教练卢·霍兹曾经说过，在一个人对与你交谈感兴趣之前，他想知道这个问题的答案：你关心我吗？如果你不关心我，那我为什么要关心你呢？所以你要通过提问找出答案。你可以问一个非常简单的问题，比如，你好吗？当你遇到并与一个人握手时，要真心实意，表达对对方的兴趣。“你好吗？我叫博恩·崔西，你贵姓？”这对于任何一种社交互动来说都是个很简单的开场，因为人们喜欢听到自己的名字。因此，当他们告诉你他们的名字时，你要重复这个名字。

如果与潜在客户见面，你可以说：“非常感谢你百忙之中抽出时间，现在的时间可以吗？”人们会对你尊重他们时间的事实表示尊重。采访客户后，我们发现他们与销售人员预约后不知道也不想知道这件事，因为他们很忙。因此，和销售人员见面对他们来说实际上是种干扰。他们已经同意见面，在电话里很好说话，但因为有很多其他事要做，见面也成了一种干扰。

所以当你说：“谢谢你在百忙之中抽出时间，现在的时间可以吗？”这句话时，你承认他们很忙，而且你打扰了他们，所以他们从一开始就会对你有好感。当你说“你好吗”，他们会说“很好”“你今天的生意怎么样？”问的问题不要太具体太私密，第一次见面时不要问与他人的家庭相关的问题。

问问题后要点头倾听。我教人的第一件事就是倾听技能。倾听技能意味着无论你提出了什么问题，都会前倾身体，仔细聆听回答，好像回答对你很重要一样。大多数人都不是好的听众：他们只是为了填补空隙而提出问题，等你回答完就可以继续讲话。好的听众问完问题后就会聆听，并前倾身体，仿佛回答对他们非常重要，他们真的很想知道回答。

有效倾听的第一步是专心倾听、点头、微笑、集中注意、不要打岔。这是第一步，但常常会给人们带来惊喜。有人说，大多数的倾听并不是真正的倾听，只是等待。你问别人一个问题，但实际上是在等他们说完，这样你就可以急切地开始说自己的看法。

第二个关键点是在回答之前暂停一下。当别人说完话后，不要急切地开始以100英里的时速讲话，你应该停下来仔细听他们讲话，“嗯嗯”，然后想想这个人刚才说的话，仿佛他们所说的非常重要。因为如果他们所说的很重要，那么引申开来，他们自己也就很重要。我们之前说过，人际关系的一大原则就是让人们感到自己的重要性。

第三件事是提出问题，阐明含义。最好的问题是“你是什么意思？”或“你究竟是什么意思？”给别人机会回答这个问题，在说“我正在做这个，我正在做那个”时，他们会展开聊聊，你应当非常仔细地倾听、点头、微笑，并且同样地，不要想着去打断他们。之后你可以继续提问。

有效倾听的第四个关键是用自己的话对他人所说的话做出反馈。例如说，“哦，所以你现在在做的就是这个，这就是正在进行的事情，这就是它如何运作的，对吗？”他们说：“是的，我的情况就是这样。”你说：“可以问你一个问题吗？”记住：控制权掌握在提问者的手上。因此，建立人际关系最有效的方式就是提问，身体前倾，专心聆听回答，在自己回答前暂停一下，然后再提出问题。如果潜在客户向你提问，你就停下来说：“这个问题非常好。我可以先问你一件事吗？这件事怎么样，或者那件事怎么样？”

我们要以问答问，因为控制权总是掌握在提问者的手中。最重要的规则就是“倾听建立信任”，所以如果你不断提出问题并前倾身体，专心聆听，那么这个人就会对你产生好感，对你越来越信任。你提问和倾听的次数越多，客户对你的信任度就越高，对你就越坦率。

当你第一次见到客户时，客户会对你会有高度的怀疑和恐惧，因为他们过去曾在购物方面犯过错——买错了东西、花了冤枉钱等等，所以他们非常谨慎。如今人们的疑心很重，因而恐惧程度很高，所以你的可信度或信任度一开始会很低，这就像跷跷板一样。你越多地提出问题并专心倾听回答，人们就会越喜欢你、信任你。他们的恐惧感越低，对你的信心和信任就越高，同理，这也像跷跷板一样。

你可以接触一个多疑、消极、保守、拘谨的人，然后提出好问题、暂停、仔细倾听答案、提出更多问题以便阐明含义，如此循环往复，可以将这个人转变为一个对你非常感兴趣的人。倾听是这一过程的起点。

研究发现，顾客在某个时刻会觉得和你相处很舒适，所以就会问些和你相关的问题。如果你在他们邀请、鼓励你之前开始介绍产品，实际上是在抹杀销售的机会。很多销售人员都会犯这个错误，他们遇到潜在客户后说：“你好，你怎么样？”“很好。”“最近过得怎么样？”“很好。”“你生意怎么样？”“很棒。”他们说：“非常感谢你抽出时间，因为我想我这里有你会非常喜欢的东西。”于是他们便立即开始谈论他们的产品或服务。

但这太早了。在这个阶段你只需一直问问题，直到顾客对你完全放松，说："好吧，你说说你有什么，说说你为什么在这里"或"我能为你做些什么？"或者"你有什么？"这时候你就可以说："非常感谢你，我想我们对你会有很大的帮助。我来问你几个问题，现在你在这个领域买过什么，对你有用吗？"

接下来我会走完整个流程，并解释如何提问才能了解客户，了解他们在与你的产品相关的领域在做的事。请仔细听。

丹

所以第一步是倾听，即试着确定购买你产品的候选人。一旦你问了足够多的问题并且做出了决定，就进入第二步——真正开始展示介绍产品或服务的一些特质，还是说在此之前有一个过渡期呢？

博恩

第一步关注点在于个人问题，你问的都是一般的、笼统的、关于他们自己的问题：生意怎么样？经济对你有什么影响？你对选举有何看法？这对你的业务有何影响？你正在经历什么样的竞争？差不多像在接待、社交时间的问题一样，都不是具体的问题，聊聊这，问问那。

然后在某个阶段你不再询问个人的问题，跳出双方的交流舒适区。研究人员在数以万计的销售对话录像中发现，客户实际上会在某个阶段邀请你转移话题，说说造访的原因。如果在客户感到舒适，想要了解产品之前过早地开始谈论产品，就相当于扼杀了销售。所以说，只用倾听、点头、微笑、嗯嗯、说“这真有意思”，并询问更多和客户手头在做的相关问题。在某个时刻，他们会说：“你说说你带来的东西吧。”

这就像航空母舰上的信号旗。人们会挥动旗帜，说：“现在是时候开始讨论你的产品了。”同样地，研究人员在采访失去兴趣的顾客时发现，如果你说得太早，正如受访者所言——“我们才刚刚认识，他立马就开始说起他的产品了，说白了这就是太快了。”

这就像你遇到一个有魅力的女孩，出于礼节，你问她住在哪里、做什么工作，然后猛地扑过去一把抱住她，并试图吻她。对于这种事情可能是个机会，但还是太早了点。而对于销售来说，你还没有构建足够坚实的关系现在就开始谈论掏钱购买你的承诺。

当客户请你介绍时，你可以说：“在我介绍我的产品之前，我可以问你几个关于你当下所做之事的问题吗？”优秀的销售人员会预先准备好从一般到具体的各种问题，这是他们的另一大优秀素质。差的销售人员想到什么就说什么，但专业的销售人员会提出问题。他们会说：“你能稍微说说你现在在这个领域做了些什么吗？你是如何解决或处理这个问题、需求、工作和服务的？”

我总是说：“这对你有用吗？你对现在得到的结果满意吗？”请记住，人们只会提高自己的满意度，所以在心理层面，一个人必定会有一定程度的不满。这句话说起来很自大狂，但事实是，如果客户对自己当前的情况很满意，那他就不是潜在客户了，就像头发着火的人会开放地接受真正能帮得上自己的产品或服务。

不要设想他们需要你的产品或服务，而是多向他们提出问题："这对你有用吗？如果你能用这个产品或服务更换当前的任何一点，你希望换什么？你是想要更多还是更少？"你在探索是否存在差距，我们称之为"差距分析"，即客户现在的状况与他使用你的产品或服务之后的状况之间的差距。如果客户说："我对现有的供应方非常满意而且不需要任何其他东西，非常感谢你前来拜访。"很明显，他不是你的潜在客户。

有人问我，如果你的潜在客户说他们对当前的供应方非常满意，该供应方解决了他们的一切需求，你会怎么做？我说"那就走开吧"，因为这就是理想状态：你非常关注自己的顾客，所以他对你非常忠诚，而没有兴趣从其他人那里购买产品。

如果你遇到这样的人，那就接受现实，走开吧。比如说，"听起来你对自己现在做的事情非常满意，我也无法再改善你的状况了，非常感谢你抽出时间。如果你之后在任何时候需要不同的产品，如果我之后在任何时候能够帮上忙，这是我的名片。我们有多种方法让我们的产品更优质，但你可以自行决定。"

有时候他们会说"再多说说你的产品，告诉我它如何与众不同"，因为有可能他们对当前的服务并不满意，或者他们愿意改变。请记住，八成的产品用户和服务用户都认为另一个产品或服务能让他们过得更好，只是他们不知道"另一个产品"是什么或如何才能变得更好。

这给我们带来了一个有趣的观点。严苛的批评是人类灵魂的最大破坏者，因此永远不要在销售对话中的任何时候批评别人，永远不要批评自己的公司，当然，永远不要批评市场上的任何东西，也永远不要批评你的竞争对手。我开始的时候不知道这点，当人们说“我在用这个竞争对手的产品”时，我会说“哦，哎呀，那些人，他们的产品这里不好，那里不行，而且他们收费很高，我某天听到有人说了……”等等，能批评多少就批评多少。

后来我认识到——这件事非常令人震惊——当你批评客户当前的供应方时，实际上是在批评决定从他们那里购买产品的客户，是在说客户当时从另一个供应方那里采购是犯了傻，而如果在你这里采购，就会重新变聪明。永远不要这么说，反而是要做相反的事。如果他们说正在使用同行的产品，你应该一直夸奖他们：“这家公司不错，已经经营了很长时间。他们做得很棒，我听过他们很多好的方面。”然后说：“我们会从略有不同的角度看待你所处的状况，我们的客户很欣赏我们的方法，因为我们能让他们做到很多事，但我们同行的产品或服务做不到。但你现在选择的公司也很不错。”

所以每次都要强调你采取了不同的、更好的方法，但不要否定他们目前的选择，要说这是家好公司，他们已经经营了很长时间。然后客户经常会说“他们不是那么好，因为我在服务方面遇到了一些问题”，或者其他的，他们会告诉你他们对你竞争对手的不满之处，然后说“你能做些什么？”你说“嗯，有意思，因为我之前听说过这个问题。我们处理的方式是……”，这时就可以谈谈如何解决问题，帮助客户改善生活。但永远不要对你的竞争对手做出任何消极的评价。

丹

没错，你在《销售中的心理学》中说过的一件事一直影响着我，那就是“感觉–感受–发现”的过程：我理解你的感觉，其他很多人也和你有相同的感受，但他们发现的是这样。这真是太妙了，因为你认同了这种感觉，也展示了如何提出解决办法。

如果你确信某人想买你的产品，在展示产品时，他们可能会向你抛出一堆异议，你意识到这些异议只是表面上的，大都来自于恐惧。如有意愿，如何才能在不破坏信任、不让自己看起来只关心销售而不注重顾客的前提下处理异议，让顾客做出购买决定呢？

博恩

我曾教过一个叫“金三角销售”的法则，它以对成千上万客户的采访为基础。客户们被问到：“你如何看待卖给你产品的这些销售人员？”这些销售人员都是该公司的顶级销售人员。

客户说了三个词。第一个是朋友。“我认为他或她是朋友，而不是销售人员。我认为这个人更关心我而不是销售，所以我认为他或她是我在那个行业的朋友。”

第二个是顾问。“我认为他或她是顾问或助手。我不认为他或她在帮我改善我的状况时企图卖给我很多东西，我把他当成我顾问、指导者和问题解决者。”因为，请记住，购买每件产品都是在解决某种问题。

那么他们如何得到这样的印象——你更关心他们的问题，而不是销售？这是因为你总是在问他们对产品有什么问题：你在这方面做得怎么样？这对你有用吗？你有任何问题或困难吗？你遇到最大的问题是什么？

有时我说：“假如你在这种情况下可以挥动魔杖，让产品或服务在各方面都做到完美，那它和现在会有什么不同呢？你想多要点什么，少要点什么？如果你使用的产品或服务完美无缺，那要有些什么不同呢？”他们常常会说：“如果要做到完美无缺，我想多做点这个或少做点这个，或者我想得到这个或那个，或者我不想要这个，或者想要开始做那个。”这能给你销售的机会。同样，这也能向你展示客户想要的情况地步和如今所处的情况这两者之间的差距。这是将自己定位为问题解决者的好方法：找到帮助他们的方法。优秀的销售人员总是将自己视为助手而非销售人员。

他们使用的第三个词是老师。“我认为他或她更像是一名老师，而不是一名推销员。”

因此，如果你将自己定位为朋友，就称为“关系销售”；如果你将自己定位为顾问，就称为“咨询销售”；如果你将自己定位为教师，就称为“教育销售”。

IBM 成为了全球最大的电脑供应商。在轻薄电脑和台式电脑有所突破、更多公司涌入这个行业之前，该公司占据了全球电脑市场的 82%。在那之前，很多公司拥有类似的产品，甚至是更优质的产品，但 IBM 仍然能够在巅峰时期保持 82%的市场份额，有时可能达到了 83%，联邦政府甚至试图对他们提出反垄断指控。

分析家研究了 IBM 销售人员与客户的相处之道，发现他们总是会就如何通过这台电脑获得更多优势、更多服务这一点提出不同想法——这台电脑如何让你执行此操作和彼操作、如何进行更多的文档处理、如何制作多个文档和双面文档、如何给文档编号、如何准备文档以及与其他文档合并。

所以你不只是买了台机器放在那儿。IBM 的员工会定期打电话说："你知道 IBM 现在已经添加了此功能吗？有了这个功能你就可以执行以前无法执行的其他操作。"如此一来，IBM 让客户觉得他们手上的电脑在不断升值，而 IBM 一直都在回访，告诉客户如何获得电脑之外的信息，通过这一方法让他们的电脑不断升值。很快所有成功的公司——尤其是苹果、戴尔和其他公司——会做同样的事情，即不断向客户展示如何获取更多价值。

在销售展示中，首先要表明问题或需求的存在，而该产品或服务将满足需求或解决问题。此外，有了这个产品或服务，你可以做一些过去可能无法做到的事，这将大大提高你实现目标、处理文档、为客户提供服务、制造产品以及维修的速度。为了让你不断获得更新、更多、更好、更快、更便捷的功能，我们会不断更新产品，这些功能能帮你从产品中获得更大的价值。这样人们就会一直觉得他们买的产品越来越有价值，这就是你做展示应有的方式。

在这项详尽的研究中，他们还发现，阻止顾客购买的主要情绪是对风险的恐惧。一切都有风险，因为每个人都想要你卖的产品的好处，但风险呢？如果产品没用怎么办？如果我买了但实际上它做不了这个或那个怎么办？又或者如果我发现其他地方的同类产品更便宜怎么办？

那么就要问，让一个人掏钱消费的是什么？阻止他们消费的又是什么？我们将让人掏钱消费购买产品的因素称之为“关键利益”，关键利益通常只有一个，而阻止客户花钱购买的称作“关键恐惧”。你要强调关键利益，即我们可以为客户做的事情，还要帮人克服恐惧：在购买产品后一年内，我们会提供无条件退款保证的完善服务。在此之后，我们会以低价和你签订服务合同，以确保让你的产品正常运转。如果有任何问题，我们会在两小时内帮你解决。

你的一大主要工作是强调产品的好处并消除风险的想法：只要你从我们这里购买产品，你就永远不用再担心。这就是为什么今天最成功的公司——亚马逊、苹果和其他各大公司——都提出无条件保证的原因。保证很重要，因为如果购买产品没有风险，而且产品囊括了你所说的所有好处，那我应该会即刻心动，立马下单。这是销售展示一个很好的收尾：“我现在就想要，我准备好了，我多快能拿到产品？”

丹

棒极了。鉴于你刚刚所说的关系销售和建立信任等相关内容，一旦真正到达结束的部分——销售过程中影响力的最终形式——就像因为你创造的价值实在太大，客户只能选择继续进行。

在《销售中的心理学》中，你谈到了结束技巧。现在你是否仍然觉得结束技巧本身是有效的？或者你是否认为在这个时代最重要的是创造最大价值，而不再需要结束技巧？

博恩

对，对的。你只用说："你有任何我没有提及的问题或疑虑吗？没有吗？那么我们继续吧。你多久需要这个？你是想把它送到家里还是办公室？"所以结束这个过程非常非常温和，非常容易，不需紧张，没什么压力。让客户认同你，想要使用并享受你所描述的一切，那就开始吧。

丹

我想问的最后一个问题是关于整个过程的，同样地，再次将它放在现代环境中，数字时代的"看门人"似乎比以往更多。之前，一切都是人们亲自动手。"看门人"可能是秘书或前台的某人，但现在，在我们所处的数字世界，人们可以躲藏在电子邮件之后；他们很少接听电话，所有电话都转到带有来电显示的语音邮箱，因此阻止人们站在客户面前的障碍似乎更多了。你能否给销售行业的从业者一些建议，告诉他们如何与“看门人”相处，并真正面对面或通过电话和需要他们产品的活人客户交谈？

博恩

如今一切都是互联网，一切都是电子邮件，每个人都在网购，如果一切都在网上，你如何才能得到客户？

截至上周的统计数据显示，只有11%的销售额来自网上。这很令人震惊，因为人们觉得所有人都在网上购买所有东西。

我来谈谈他们的发现。假设有一个两端有两个哑铃片，中间有一根棒的杠铃，那么其中那个大哑铃片就是所谓的“事务”。例如，我和你说了一本书，于是你上网买了这本书，又或者我给你说了一部相机或一双鞋。事务性的东西不需要深度冥想，也不需要与家人讨论或去山顶点蜡烛。

很多产品都是事务性产品：我们决定购买它们，所以我们上网。在网上，我们可以了解它们的情况和价钱，以及与同类产品相比的价钱，然后买了它。我们点击下方，然后产品就会邮寄给我们，之后我们在剩余时间里继续做这样的事，我们现在做这样的事越来越多，然而过去我们都是出门去商店购物。

然而，在杠铃的另一端是所谓的“定制物品”，这是特定给个人的物品。例如，你可能确定要买一台笔记本电脑，但可能不确定具体要买哪台，所以你去了苹果商店，这就是为什么苹果商店是当今世上每平方英尺最卖座的零售店。

美国 30%的购物中心都倒闭了或在进行大改造，人们将它们变成保龄球馆、电影院、教堂、健身俱乐部等各种各样的场所，因为人们不再去购物中心了，他们可以在线购买产品，这是事务性的。但是，假设你需要衬衫、领带或西装，或者有时你想要一副耳机但不确定想要什么样的耳机，在上述任一情况下，你都会想去专卖店，并希望亲眼看看该物品。

有种现象叫作“展厅现象”，人们最近做了很多与此相关的事。它有点像电子书，当电子书出现时，电子书销量飞涨，而零售书销量跌落。如你所知，鲍德斯书店的 600 家商店在 iPad 面世一年内停业，因为有了 iPad 和 Kindle，很多人都在网上买书。但人们后来意识到自己并没有真正阅读在网上购买的书籍，因为他们喜欢翻页和做笔记等等，所以他们又开始再买精装书了。电子书的销售已经趋于平缓和下降，而精装书和软皮书的销售额再次回升。书店的销售额有所增加，因为人们喜欢去看看有什么可买的，喜欢漫步在商店的购物体验。同样，比如说香水也是如此，它不是你网购的一类产品。

有很多产品是你想看到的，或者你想与他人谈论的。你不打算在网上买办公家具、不打算在网上买办公设备、不打算在网上买办公室装饰品，也不打算在网上买特殊印刷品和广告促销用品等等。你打算在网上找到一个人，打电话过去，然后要求他们派人来和你见面。

因此，现实生活中的销售人员面向的市场是巨大的，而且实际上在变得更大，因为有太多的产品适用。对于事务性产品，当一个人知道关于产品需要了解的所有内容后，他们会上网做出决定；而对于非事务性产品，为特定客户个性化定制的产品，客户希望见到销售人员，与销售人员交谈，想要走进商店和这个人交谈，他们希望这个人走出来和他们聊聊。

假设你想在网上为家里做些室内装饰。你可以做一些调查，找出最佳人选都是谁，所以他们必须在网上有相关信息，但是你必须亲自与其交谈，以确保你喜欢他们，信任他们，并相信他们可信、能干且干练。

买家寻求的是两件事。第一是信任和温暖，第二件则是力量和能力。研究人员已经确定人们会在五到七秒内做出对于信任和温暖的决定，但对于力量，这另一个描述才能和能力的词，他们需要花费更长时间做出决定，有时需要两到三次会议的时间。因此，要进入大门，你必须做到温暖、可爱以及值得信赖；但要达成交易，你必须证明自己能够为客户的选择提出合理建议，并给出好点子。

所以我想说面向现实生活中销售人员的市场会一直存在，人们不会网购 IBM 电脑、不会网购时尚，也不会网购个性化的产品。对于这些产品，他们必须看到真人并与真人交谈。

丹

诚如所言，这对全球的销售人员来说是个好消息。谢谢你，博恩。

第六章

人际关系中的影响力

丹

博恩，接下来我们来聊聊人际关系中的影响力、养儿育女中的影响力以及自己对自己的影响力，那么我们的话题将从商业和职业生活领域转向个人生活。最重要的就是确保你在你所爱的人以及你自己生活中拥有头号影响力，并确保坚守自己的承诺。

让我们先谈谈“先知除了在家里才享有荣誉”这一观点，这句话意味着相比于在自己的家人和朋友中，人在了解不多的人中通常更容易受到尊重和钦佩，或更有影响力，我一直都觉得这个现象很有意思。你觉得为什么很多人都会遇到这种情况？当你和亲朋好友在一起时，是否应该想办法改变策略让自己更有影响力呢？

博恩

说到亲朋好友，正如我们之前所说，他们想要的是感到自己的重要性。他们想要感受到自己的价值，想要得到自己的看法仿佛很有意义的感觉。

2010 年，我经历了非常惨淡的经营状况。我曾尝试提出一系列观点，但全都被所有人忽视，我也在这一行业投入了大量资金，但却没有成功。我得了喉癌，这是一种源于特定类型压力的典型癌症。我和一位马来西亚的阿育吠陀医生讨论过这个问题，他说："那是因为没有人倾听你的声音，因此你感到十分沮丧、十分愤怒。你试图向他们传达一个信息，但他们却没听。"当然，这些不想听我话也没有听我话的人，最后让公司破了产，败了我所有的钱。

这提醒了我被人倾听的重要性。某人在你的生活中越重要，他们听你讲话这件事就越重要。因此，在生活中变得更有影响力的方法是重视你的家人，从爱人开始，再延展到自己的孩子。这是一个完美的互惠法则，如果你向其他人明确表示你认真考虑了他们的想法、感受和观点，那么他们就会考虑你的想法、感受和观点。就像你允许他们影响你并乐意接受他们的影响力一样，他们也会越来越乐意接受你的影响力。

我对我的孩子们说："我永远不会强迫你做任何事，也永远不会禁止你做任何事情。无论你决定做什么，我都会100%支持你。我会给出赞成或不赞成的建议，但永远都不会强迫你做任何事情，你永远都可以自由选择。"在家庭生活中，每当我们有争论时，我会说："我可能会与你争辩或表示反对，但如果你的观点够好，可以说服我，那我就去做你决定做的事情。"那是孩子们五岁、六岁和七岁的时候。他们在成长过程中知道，如果他们可以证明自己有理有据，如果他们可以给出做或不做某事、或被允许做某事的充分理由，那么他们的父亲就会改变主意并全力支持。

这促成了奇妙的家庭体验。我所有的孩子都成年了，我们会讨论这个策略：如果你想出一个好主意，我们会一直支持你，我们会一直允许你做任何想做的事情，会一直允许你影响我们，因为他们说“我想这样做”或“我想那样做”，而我会说“不，不，我认为这不是个好主意”，他们则会说“让我给你说说理由”。然后，他们不会大喊大叫，也不会发脾气，而是像法庭上的律师一样列出理由，陈述情况。我就会说：“好吧，基于你所说的，你对了，我错了，所以我们会做你想做的事。”他们非常自豪，在五六岁的时候，就可以通过深思熟虑并提出论点而战胜父亲。

所以这在家里非常重要。顺便说一句，我研究了商业中的权力和影响力，据说老板和员工之间关系的质量很大程度上取决于员工眼中老板接受员工影响力的乐意度。如果老板坚持一个想法，不灵活处理，一意孤行，那么组织的士气就会降低。人们会说：“我的意见真是无关紧要，我在这份工作中有丰富的经验，老板却忽略了这一点。”然而，当一个人感觉到“我可以对我的老板产生很大的影响，我可以去找我的老板，让他改变主意，我可以表达自己的观点，如果他能看到，他也会改变主意”时，士气就会高涨。

在我的办公室有很多分歧，但那不是争论，而是分歧。他们会说，“我想这样做，我想那样做。我们想在这里进行投资，我们希望在那里进行投资。”我总是会问他们：“你的理由是什么？你为什么要那样做？”他们知道疑问来了，所以会解释：“这就是为什么我认为我们应该这样做，或者花这么多钱。”我说：“目前为止我不同意，理由如下。”他们说：“对，你说的是对的，但有两件事你没考虑过。”他们会列出他们的观点和我没有考虑到的事情，我说：“你知道，我从来没想过这件事，但你是对的。你的结论比我的好，所以我们会做你认为最好的事情。”年复一年，我们都是这样做的。

我们的办公室具有极大的灵活性。老板总是乐意倾听各种理由，总是容易受到其他人的好论点或一系列好理由的影响。我总会说得很清楚，如果他们有更好的论点，那么我会倾听。如果你有更好的想法，即使我之前非常坚定，我也会放弃原本的立场。在判断正确与否这点，我没有自我涉连。一旦你消除了自我涉连，就能消除大部分问题。我在心理学中详细研究了这一点，并在我的家庭生活和我的所有商业生活中实践过，它确实很有效。

丹

很棒。许多人生活中最重要的关系是配偶关系，人们常在这段关系中遇到权力斗争以及谁对谁错的拉锯战，希望找到自己的方法。对于开放地接受影响力，你有什么建议？是否要对配偶的影响力开放地接受呢？对对方的影响力开放，也是影响他（她）们的最佳方式吗？

博恩

我在结婚时告诉妻子芭芭拉，在所有影响家庭和孩子的问题上，她都可以持有51%的决定权，而在工作和业务方面，我持有51%的决定权。我们开玩笑这样说到，我说这是我做过的最好决定，而最终证明结果非常理想。我说：“我会用我49%的决定权争辩、战斗，但归根结底还由你来决定。”

我们已经结婚了三十七年，现在是第三十八年了，她一直都拥有51%的决定权，而她一直都是对的。我会有不同意见：“这个怎么样，那个怎么样？”“你说的没错，”她说，“但你不懂。”有时她会说：“虽然我没有合理的理由，但直觉上我认为这是最好的办法。如果你要看证据，我并不反对你的不同意见，但我觉得这就是应该做的，况且我有51%的决定权。”所以我总是给她这项权利，这是最好的事情，因为这让我们的感情平稳如初，持续了三十七八年。

丹

博恩，你觉得一旦结婚，结婚时间越长，对你爱人产生影响就越像是一种资产或责任吗？在那种情况下，熟悉是否会让人轻视彼此呢？

博恩

每对夫妇都有自己的规定，任何人都无法预测或制定任何其他夫妻的规定，因为人与人之间的差异很大。一对夫妇，就相当于把两种复杂的化学物质混合而成的一种更复杂的化学物质，因此我从不评判其他任何夫妇。

我确实说过最重要的是听直觉的话，跟着直觉走。我的人生观很早就形成了。我开始研究美好婚姻和优秀父母的特质，发现尊敬比其他任何事情都重要。只要你心怀尊敬，就会产生各种争议和分歧。但如果尊敬永远存在，那么其他一切都能很快地进展。

所以我从来没有违背过这种尊敬，我一直尊敬我的妻子和孩子。两个孩子现已结婚，他们也非常尊敬各自的爱人。他们的关系非常稳定而且非常积极，因为我和芭芭拉的相处之道都看在他们的眼里，而那便是他们出去找对象时所期待的相处之道。作为父母，你是孩子的榜样，设定了一个他们在成年后也会重复的标准。

丹

通常，我们在与亲朋好友或爱人打交道时，必须进行艰难的对话，必须将残酷但真实的消息传达给他们，因为我们关心他们，因为他们对我们很重要，也是因为我们觉得有必要影响他们，从而在某种形式上改变他们的人生。那么，如何在不伤感情的情况下进行这样的对话呢？又如何成功地提高影响力而不是让他们气你而去呢？

博恩

我认为这是一件持续的事，你有一段开放、诚实、相互尊重的持续关系，所以从来没有任何积攒，没有任何消极之处，也没有积恨和积怨。每个人总是对另一半人完全诚实。对我们很好的一点是我们有一段持续的、完全开放的关系，没有任何障碍或积恨，或任何负面的担忧，这全都是基于持续这一条件进行的。我认为这点非常重要。

在我很小的时候，我读书看到过，如果你和合适的人成婚，那么你的爱人应该是你最好的朋友。当遇到了合适的人时，你会意识到自己遇到了最好的朋友，这种关系被称为梦想关系。如果对方是你最好的朋友，你就会和他（她）分享一切，告诉他（她）一切，不会对他（她）有任何隐瞒。这正我和芭芭拉之间的故事，当我们见面时，从一开始就成了最好的朋友，正如埃尔维斯·普雷斯利所说，现在我们已经有了四个孩子、五个孙子，以及许多生活点滴和要做的事，但我们从来没有实质性的问题。

丹

真好。比如说你有一个相识多年的好友，但你已经注意到他们生活的一种方式——酗酒并深受其害，或者你注意到了愤世嫉俗或愤怒之情突然冲昏了他们的头脑，让他们变得不像他们自己。这是一种你需要面对他们，还要让他们体会到你将心比心的关怀与爱的情况吗？你会如何处理例如某人喝酒的这种特定情况呢？在这种情况下你会怎么做？

博恩

我年轻时学到的一条生活原则就是江山易改，本性难移，而且，人甚至会变得更加随性。许多沮丧的事都发生在生活中，因为我们期望有人改变，对这个人正在做或没做的事情感到不满，于是便敦促他们进行改变。

但是，一个人最害怕的是被拒绝或反对的恐惧，即不被他人喜欢或接受的恐惧。无论何时，只要你说无法接受某人目前的形式，都会引发这种对拒绝的恐惧。对这种恐惧最糟糕的概括是"我不够好，我不够好，我不够好"。大多数人的一生都在与此斗争——与这种在很多方面都不够好的感觉斗争。他们在学校里比不上别人，在体育方面比不上别人，在工作、销售或养家方面比不上别人，在身体健康方面也比不上别人。

因此，你的一大任务就是永远不要说出任何触发"我不够好，我低人一等"这种感觉的话，因为人们不会改变。现在人们确实改变了，我记得德鲁克说过，不是奇迹不会发生，只是不能依赖奇迹。人们的改变也是如此，人们可能会改变，但只有他们真的渴望改变，只有他们能自我反省并自行做出决定，才会去做一些不同的事情。

我有一个好朋友严重超重，大概超了有 50 磅（约 23 千克）或 60 磅（约 27 千克）。他看起来就像是想从商店偷土豆，于是在西装里面藏了一袋土豆。我有段时间没见过他了，但在几个月前见到了他，他现在很瘦，身材很好。原来大约一年前，他决定减肥并且要永不反弹，所以成了一个严格的素食主义者。大家都知道严格的素食主义者：他们想知道每一种酱料、碗里所有食品的每一种成分，不希望在同一间厨房里做出来的菜里有一丁点儿蛋黄酱，因为蛋黄酱里有蛋。不管怎样，他成了一个纯素食主义者，减到了 130 磅（约 59 千克）或者 140 磅（约 64 千克）。他现在穿着之前的衣服看起来就像脖子上撑了一个帐篷，因为那些衣服已经不合身了。

他超重了二三十年，终于下定了决心。我遇到过其他决心戒烟、戒酒、戒糖，或成为纯素食主义者的人。有时他们会成为不忌吃鱼的半素食主义者，同时吃鱼和蔬菜。但能做出决定的只有他们自己。

如果你试着告诉一个人他应该改变这个或那个，你说的就是“你现在还不够好，我不支持现在的你，现在的你不如我”。这会导致愤怒、自卑、沮丧和其他一大堆情绪，所以说你能给孩子最大的礼物就是无条件接受他们，永远不要批评孩子们，只需百分百无条件地接受他们，无论他们是谁，也无论是好是坏。

人类生活中最大的一个问题就是试图改变一个人，让他们变得不是自己。我给很多观众说过：停止试着改变他人。人们不会改变，你也不会改变，你二十五年都未曾改变，所以其他人也不会改变。随它去吧，“好吧，我怎么才能让这个人改变呢？”你不能，你不能让一个人更有野心，不能让一个人更勤奋，也不能让一个人更准时。你无法改变另一个人的行为，所以就随它去吧。

丹

这为人们卸下了沉重的负担。无条件接受很可能是最治愈的事情了，它给人们留出了主动改变的空间。

博恩，我想更多地谈谈养育孩子的方式。我知道我们之前已经讨论过一些，你也和我们分享了一些很棒的材料，但我想谈谈非常时宜的一些事。现在有个很严重的现象——我的母亲在担任高中校长时常常谈论到——叫作“直升机养育”，父母盘旋在孩子上方，随时准备猛冲下来解决孩子的问题，带他们脱离困境。说到这种现象，虽然看起来很有爱，但却很可能与影响孩子让他们做到更好这一点相冲突，还会阻碍孩子的成长。

博恩

好吧，你必须问自己，你的目标是什么？俄罗斯有位形而上学的学者，叫作P·D·乌斯宾斯基，我记得我多年前读过他的作品。他的一本书是从学生到大师的一系列问答。一位学生问：“博士老师，在这种特殊情况下我该怎么做？细节太多了，我很困惑。”老师说：“好吧，你的目标是什么？”学生说：“你什么意思？”老师说：“你的目标是什么？你的终极目标是什么？在这种情况下你最终想要完成什么，又想在哪里结束？”学生说：“我不知道，不是很清楚。”老师说：“那在你弄清自己的目标之前，我无法根据你的行为给予你任何指导，因为在你清楚自己的目标之前，你无法确定当下的理想行为。你要做的就是明确目的，然后明确目标。你的活动应当是让你朝着目标方向前进的。”

在我的研讨会上，我有时会开玩笑说几种让你的生产力和收入翻倍的方法。我会说：“我一天可以给你说好几种方法，但为了证明我没有吹牛，现在先给你说一种方法作为开始。我想让各位想象一下有两种类型的活动，我们称之为一号活动和二号活动。它们分为两大块，一号活动被定义为那些带你走向想达成目标的活动；二号活动是不会让你朝着目标前进的活动，甚至更糟糕，是那些让你远离目标的活动。所以这就是将生产力、绩效、产出、结果和收入翻倍的方式：只做一号活动，拒绝二号活动，就这么简单。”

所以在做任何事之前，先问问自己：“这项活动是否会让我走向真正想要达成的成就，这对我来说很重要，还是说它只会分散我的注意力，只是浪费时间？”如果不能带你走向你自己选择的目标，那就直接不要做这项活动，而要做点能帮你实现目标的活动。

如果你定期这样做，三天左右内，你每天会都花一整天去做让你朝着最重要目标前进的事：健康、财富、个人成功、销售、商业、家庭生活质量等等，那你做其他事的时间就会越来越少。

亚里士多德曾说过：“幸福就是逐步实现有价值的想法。”只要你做一号活动，即那些推动你去做重要之事的活动，你便会让自己感到开心愉快，觉得生活是有价值的，觉得你正在做人生中美好的事情。二号活动则无法让你都高兴，他们就像爆米花，在情感上没有任何营养价值。你可以整天查电子邮件、玩手机、打电话、与朋友交谈、读报纸，你一天都可以做这些，但是从中得不到任何营养，也就毫无价值了。在当天结束时，你不满意，你很紧张，你觉得自己没有取得任何进展，于是对自己很生气。

但是当你从事真正重要的事并且看到自己在这些事情上取得进步时，你会一直高兴；当你感到高兴时，你会有更多的精力；当你有更多的精力时，你会更具创造力；当你更具创造力时，你想做的事就越来越多，这会让你越来越接近对你来说最重要的事情。这是让你收入翻倍的一种简单方法，这也是指引你一生的极好方式。

我在书里和研讨会上都提到过一个故事。一个旅行者沿着古希腊的一条小路徒步旅行，途中看到一位穿着白色长袍的老人在石头上坐着，他对老人说："打扰了，我迷路了，不知你能否告诉我去奥林匹斯山怎么走？"原来这个老人是哲学家苏格拉底，他说："如果你真的想去奥林匹斯山，那很简单，只要确保你迈出的每一步都朝着正确的方向就好了。"

这是成功的一大原则，如果你想拥有美好的生活，只需确保你现在所做的一切都和想要达成的目标保持一致。在过去的25年，我在战略规划方面做了大量的工作，其中一个我喜欢的结论是，清楚自己今后五年要达成的目标能极大地改善你的短期决策。如果你明确了五年内想要到达的位置，那就确保你每一天的每一分所做的一切都能让你朝着正确的方向前进。如此一来，你不仅会感到自己巨大的进步，还会保持开心，精力也会更加充沛。

丹

假设父母想把他们所有的活动变成你所说的一号活动，在活动中他们想把孩子们培养成更多产、更快乐、更自立之类的孩子。

在直升机养育中，孩子上学忘了带午餐，家长就会开车给他们送到学校；孩子花光了一整个夏天的钱，但家长们很想和孩子们一起做这件事，所以又给了他们 50 美元；或者孩子和老师有矛盾，家长便立马给老师打电话。

在此时此刻，似乎是“哇，孩子们很幸福”，但实际上，你是否应该从长远的角度看待养儿育女这件事呢？显然，当你为自己做这件事时，你能立刻感受到结果，但是当你为孩子做这件事时，孩子性格的缺陷这类你不想看到且多年后才会显露的消极结果也会时常出现。孩子们觉得无论自己做什么事都有资格，因为他们的父母总会“营救”他们。你觉得什么才能有效地让孩子们成长为富有成效且有责任的公民呢？

博恩

有了孩子后，我们便确定了目标：培养快乐、健康、自信的孩子，培养自信心和自尊心强、自我感觉良好、自爱自重的孩子，让我们和孩子一起做的事和这个长期目标保持一致，永远不能做任何与此冲突的事。自从孩子们出生以来，我们一直坚持这一原则，在身体上、精神上和情感上都非常关心他们。我们从不缺席他们最重要的活动，总在告诉他们，我们对他们的爱和信任有多深，总在向他们表达对他们的信心。如果他们犯了错误，也不会一直计较。

有一次，我的儿子迈克尔把我的车开到了沟里，沟很深，所以不得不找一辆巨大的拖车把车拉出来。我当时在国外，我打电话和他说："没关系，生活还在继续。"后来他和我聊起这件事，说："你不知道那对我来说是多么大的创伤，你把车给我开后，我做的第一件事就是把它开到悬崖下去了，但你一句话都没说，我当时还以为你会暴跳如雷。"因为他见过他所有朋友的父母都是怎么做的。但是当我通过电话与他交谈时，我说："不，生活还在继续。"我回来后又买了一辆车交给他开。"车给你，别担心，生活还在继续。"

大概已经过去十八年了，那时候他才十六七岁，但他至今仍记得这件事。这就是我决定和孩子们相处的方式：我会给他们无条件的、积极的尊重，也会给他们无条件的爱，永远不会批评他们，如果他们犯错了，就随它去吧。我对这件事一直都感到很开心，因为这是一次考验，孩子说："这是一次真正的考验：你把车给我而我把车开到悬崖下，但你当时什么也没说，至今也从来没说我一句。"这番话让我很开心。

那么为人父母要扮演什么角色呢？是扮演直升机的角色，花时间陪他们一起看电视之类的吗？人们问我："你是做什么工作的？"我说："我的主要工作是抚养我的四个孩子，让他们成为健康快乐的孩子，成为将来的好丈夫，而我做的工作其实只是兼职。"基本上就是这样，我认为父亲是我生命中的核心角色，因为在一天结束后，这就是我拥有的一切。如果你为了让孩子快乐、健康、阳光、大笑而养育他们，而孩子确实常常面露笑容，那你便可以肯定自己的养育方式；如果你已经把世上的一切都给了孩子，但他们的性格还是很消极阴暗，或是不够坚定、缺乏自信，那么在这个程度上，你还不是合格的父母。

丹

这个建议很好。我还想向你请教另一件事：我们已经讨论了很多数字媒体和技术在商业生活、职业生活中的优缺点，但如今孩子们也在数字媒体、发短信、看视频和社交媒体上耗费了大量时间，而且父母也常常会默许孩子这样做。现在已经不如以前，没办法像曾经一样在停车的间隙和孩子聊聊天，用这种方式影响他们了。为确保让孩子们从小童到青年这一阶段受到最大的影响源于父母，而不是数字媒体，你对父母有何建议？

博恩

儿童就是所谓的“爱的热带”。就像向日葵面朝太阳一样，儿童就是爱的热带：他们会面朝生活中关爱和认可的主要源泉。对孩子来说，关爱和认可就像氧气或血液对大脑一样重要，因此，如果你想成为孩子一生中最重要的影响力，那就先成为对他们关爱和认可的最重要来源吧，这样你的孩子才会永远把你看成他人生中最积极向上的一部分。

我在课程中把这点教给了上千人，父母们反馈说确实如此：你的孩子会受到朋友、学校、人际关系、男女感情等各类的影响，但你要确保自己坚若磐石，成为关爱和认可他们的主要力量来源。我告诉我的孩子们：“你的朋友们来来往往的，有些会陪你长一些，有些会短一些，但我和你妈妈永远都不会离开你，我们会永远在这里，当你一辈子的好朋友，永远在你身边照顾你，永远做你的依靠。”

我们在孩子很小的时候，七岁、八岁、九岁、十岁的时候，就告诉了他们这个道理，而在长大后，他们便意识到朋友们确实都是来来往往的。我女儿和另一个女孩在迈阿密大学的公寓里同住，这个女孩没有我们有钱，于是我们掏钱让她和我们一起去夏威夷度假，给她买了去卡波圣卢卡斯的飞机票。我们把她当自己的孩子一样照顾，但有一天，她站起来就说要走，要搬到另一个州，而且再也不回来了。对于这个问题突然明白了！

丹

哇唔。

博恩

和之前一样，她解释了很多。她和她男朋友之间有问题，男朋友决定离开，于是她决定和他一起离开。最后，正如他们所说的那样，她起身就走了，再也没有回来过，也没和我们联系过。我女儿当初还以为这是她最好的朋友，因为她们总是结伴上学之类的。我说："我之前告诉过你：你的朋友们总是来来往往的，其中一些会成为更好的朋友，而另一些则会更糟糕。"她现在认识到了这一点，现在她24岁，看到许多闺蜜死党来了又走，然后彻底消失。这些人永远不会回来，也再没有和她联系，但她的父母永远都在电话、电邮或短信的另一端。她是最小的孩子，我认为他们都明白了父母才是他们最好的朋友，因为他们总能依靠着我们。年轻人直到大约25岁时，会经历各种各样的事情，但只要他们知道父母是他们生活中最坚实且唯一的关爱、认可和影响的来源，他们就会坚若磐石，不会动摇。

结果很好，但是，如果孩子们不确定、好奇、怀疑父母是否真的爱自己，或者父母是否真的对自己生气了。比如说上周父母都很和善，可这周他们很生气，那下周会怎么样呢？父母的不可预测性会让孩子长大后变得神经质、易怒多疑、容易动摇、缺乏自信心和安全感，他们会觉得和异性步入长期的感情关系或投身于职业生涯是件很难的事，所以说父母就像一块巨大的石头。

丹

对，我喜欢这个石头这个意象。

博恩

孩子们需要知道他们的父母会像石头一样永远坚固，什么都无法改变它。

丹

说得真好。博恩，现在让我们继续讨论最重要的一个话题，那就是如何影响自己。通常情况下，人们很容易告诉别人如何表现或如何去影响他人，但是当涉及到自己时，却往往在各方面都当不了自己最好的朋友。

在自我影响这方面，《一分钟经理人》的作者肯·布兰佳表示，人们需要学习如何履行对承诺的承诺。说到对自己的影响，我就想到了这一点。我为此深深困扰：有些时候，你不会对你所做的承诺负责，只要愿意，你就可以放纵自己。

想要让人做自己最好的朋友，对人生中自己觉得重要的事情负责，而不是在面对这些事情的时候逃脱，你有什么看法呢？为了让自己变得更好，成为自己最好的朋友，并让自己负起责任，你又有什么建议呢？

博恩

多年前，我教人们重视自尊、自信和释放个人潜能。多年来，我一直如饥似渴地研究这些课题，在我刚开始教别人时，我发现了三个很棒的见解，第一个是你大多数时候在想什么，你就会变成什么。

因此，多年来，我一直用积极，令人振奋的关于精神发展的材料来补给我的思想，我花了数千小时阅读有关精神发展重要性的书籍。几千个小时里，我读到了个人动机和所有伟大的经典，我反复阅读，读拿破仑·希尔、诺曼·文森特·皮尔以及所有其他作家的书。然后我开始研究形而上学，研究大脑以及思维如何运作以及大脑如何与宇宙一起运作。

1981 年，我开始教授吸引力法则。对该法则如何在基督前四千年就已起源，如何在几代的神秘学院中传授，我认真细仔地做了研究，先后读了19世纪和20世纪的书，有了深刻的理解。当我开始在为期两天的有关个人成功的研讨会上课时，我把它作为该课程中教授的“三十二计”中的一条，不仅有三十二计，还有两天，约十六个小时里关于心理发展、情感发展、人际关系、压力、幸福和健康的思想、原则、材料以及概念，而这个法则是其中之一。

我教授了吸引力法则，以及两三个和它一起使用的子法则。比如说“共鸣法则”，主要是说一个房间里有两架钢琴，而你按了一架钢琴的C-flat键然后走到房间的另一边，另一架钢琴同样的键也会振动，这就叫作“共鸣”，它是宇宙中非常重要的法则。还有一个叫作“排斥法则”，你不仅可以吸引事物，还可以根据相应情绪排斥事物。换句话说，如果你带着消极情绪思考某事，实际上你可以将其排斥到生活之外；如果是带着积极情绪，则可以吸引它。

有了共鸣，经常是这样的：你走进一个房间，穿过房间看到一个人，与这个人产生共鸣，于是向他做自我介绍，后来你和这个人结婚，共度余生。这种事情确有发生。

卡里·纪伯伦说事情就是这样发生的：当你遇到一个人时，要么从第一眼就认定是对的人，要么就永远都不会在一起。这就是为什么夫妻聚在一起被问到“你们是怎么遇见的”时，两个人总是记得那一刻。他们总是记得那个产生共鸣的时刻和吸引力原则。

还有管控整个宇宙的“振动原理”，宇宙中的每一种形态——水、玻璃、钢、铀——都以特定的速度处于振动状态，有些振动非常快，有些振动很慢而且会退化。我在1981年教授了所有这些知识，二十五年后，有人把我的课上了三次，然后写了一本叫作

《秘密》的书。

有几个人写信给我说："这本书源于你的课程，书的前 50% 都来自于你的课程，但并没有涵盖你围绕吸引力法则所讲的其他法则。"而正是这些"其他法则"才是少数人能发挥吸引力法则作用的原因，大多数人都不明白吸引力有哪些因素。例如，其中之一就是信仰，信仰具有强大的谐波效应。吸引力的另一个因素是"行动原则"，正如《圣经》中所说："没有行为支撑的信仰已经死了。"换句话说，如果你脑中有一幅快乐的画面，或者是梦想、幻想及关于某事的目标，但你却从不采取与其一致的行动，那么这些画面、梦想、幻想或目标就只会平躺在那里，永远不会奏效。这就是为什么这么多人说："我已经练习了一年或两年的吸引力法则，却什么也没发生。"为什么呢？因为你就知道回家看电视。

不管怎么说，我现在开始教大家这些原则。第一个原则是你大多数时候在想什么，就会变成什么。你会把你所想的事物吸引到生活中，而把丢弃的东西排斥到生活外。

现在也教一下大家消极与积极情绪的原则。幸福和不幸之间唯一的区别就是负面情绪，所有负面情绪都是习得的，但它们可以被丢弃。实际上，你可以忘掉消极情绪，像把电线从电缆上剥离下来一样摆脱它，这样消极情绪就会消失。如果消除了消极情绪，剩下的就是积极情绪；如果你消除消极情绪，然后把它们连接到正极，将积极情绪增添到上面，就能创造一个能量场，开始为了实现目标而把生活中所需的一切都吸引过来。

我也发现了因失败和拒绝造成的消极情绪的重要性，以及父母在每个孩子三到五岁时不断传递的信息是如何塑造孩子的。如果他们能源源不断地收到积极信息，这就像健康营养的食物一样，能让他们健康快乐且自信地成长。积极的信息几乎就像他们的营养、氧气一样。

我学到的第二件事是你会变得和你所教授的东西一样，你教的某事越多，你内化的就越多。如果你真的喜欢这个主题，由衷地在教授，那么它内化在你心中的层次就会越来越深。

第三个原则来自肯·布兰佳的妻子玛吉，这个原则是教导你最需要学习的东西。这是一个很棒的小概念，我已经抱着极大的热情、激情和幽默教授了关于某些话题的课程很多年，但在某一阶段上，我还是会继续学习其他话题的相关内容。我意识到这是因为我已将所有这些话题内化，不再需要它们了。这就像教减肥一样，在某个阶段，你很苗条、纤细且健康，于是去吃了好吃的，失去了减肥的热情，因为你已经不再需要减肥了。

我学到的这些让我能对孩子们的人生产生影响，我学习了这些原则，和妻儿一起实践，然后开始将其教给别人。我很幸运，因为我将这些原则全都内化了。我曾教过：如果你决定在大多时候呈现积极一面，那么你就可以在大多时候变得积极；如果你决定消除消极情绪，那么你就可以消除消极情绪；如果你将思维简单地预编程从而以积极方式做出反应，那么你就可以对消极的情况和问题做出自动响应。你越是反复地实践，它就越发内化成你言行举止和思维的一部分。

在过去几年，由于各种原因，我得了椎管狭窄症，做了六次背部手术。这种病几乎让脊柱变成了一根腐蚀的管道，一根约束着脊髓的腐锈管道，这根管道逐渐生锈并开始腐蚀穿磨损脊柱的电线丝，于是开始发生故障，各种椎骨便开始出现各类问题了。此外，我还患有癌症，又做了心内直视手术，之后我的两个肩膀撕裂，肩关节受损。

丹

哇。请谈谈成为自己最好朋友的需求。

博恩

好的。多年来我过着非常忙碌而艰苦的生活，我去过 120 个国家，经历了三四次战争，有各种各样的经历。如果你在年轻的时候不怎么爱惜身体，老了后就会尝到恶果。但如你所知，你认识我这么多年，在经历这一切时，我一直都非常积极。

丹

我总是对此很惊讶。

博恩

的确，你从来没有见过我消极的一面，我总是很放松、很积极。所以我相信自己很幸运，并且把这份幸运传递给了我的孩子们。我孩子的眼中只有我积极的一面，他们见过我的最糟糕的一面是我累的时候。

丹

是的，确实如此。

博恩

但我从不消极。那么，说了一圈，现在开始教大家目标。我发现对我来说，设定目标是宇宙中最强大的力量。你必须要设定关于孩子的目标——你最重要的目标是培养健康快乐而自信的孩子，并且只做与此相关的事，不做与此无关的事；你孩子的心理、情感和身体健康高于一切，因为这样其他的一切才能长久。我最大的孩子现在三十七岁了，自她出生，这便是我的人生观，而且从未出现偏差。如果你把它作为生活的核心，那么最好的就是把家人和孩子当成最重要的人。

最近我和肯·布兰佳在一家很棒的餐厅见面聊过天。肯和他的家人进门时，我和芭芭拉坐在一个卡座里，讨论着生命中最重要的事情，我们一致认为，你所爱的人和爱你的人是生命中最重要的事，而你人生中的伟大目标就是拥有更多你爱的人和爱你的人。肯起身过来，说："嗨，你好吗？"我说："很好。我们刚刚坐在这里讨论生命中最重要的事情。"他说："人生中最重要的就是你爱的人和爱你的人。"而一分钟前我们刚刚一字不差地说过这句话。

丹

哇，太令人难以置信了。

博恩

是的，在过去的一两周，有几个人找我说了同样的话：人生中最重要的就是你爱的人和爱你的人。如果他们是你的依靠，如果你对他们非常清楚，如果你从未做任何背叛或伤害他们的事情，那么你生命中的一切都会很顺利。

丹

是的，真美好。我认为自己有幸拥有一个美好的家庭，如果你还不够清楚，那就不断强调这件事的重要性。

如果说到影响自己，对自己的一种积极影响形式就是营养，即你吸收到体内的东西。对我来说，这就是为了你和你所爱的人保持自己的最佳状态。我和我老婆经常开玩笑说："如果你能帮我照顾你自己，那我就会照顾你。"一些营养原则可以帮助人们走上正轨并影响人们成为更重要的人，对此你能简单谈谈吗？

博恩

在我为期两天的研讨会上，我曾经谈过这个问题。我发现每个人都知道这个问题的答案，并不需要花很多时间谈论它，仿佛你刚刚在秘密手册中发现了答案一样。每个人都知道成功的关键是吃好喝好、多运动、多休息，而其他的都只是对其的一小点补充。

据发现，富人每晚睡八个半小时，穷人则睡六七个小时。为什么呢？这就像手机的电池：当新的一天开始时，电池的电必须满格，如果你只在一周内只充了四分之三的电，电池便会磨损。同理，你的思想也不再清晰、你不再敏锐和耐心。

很多度假村的广告上看起来都是富人在度假村里坐在船上、沙滩上和泳池边。为什么富人要这样做？人们发现富人比穷人更常休假，因为他们休假的时间更多，这并不是说你不努力工作就能获得成功，而是说你必须要学会平衡。

此外，成功的人会吃更有营养的食物。如今的美国市场上有17000本烹饪的书，还有17000本减肥的书，帮人们减掉从烹饪书中摄取的脂肪。我们也知道应该喝更多的液体。

还有每天锻炼身体，我们每周需要锻炼两百分钟，就也是每天步行约三十分钟。每天步行三十分钟、吃有营养的食物、不吃糖和甜点、保护好牙齿、定期体检——每个人都知道这些，而挑战始终是自律。

丹

这有一部分是关于影响自己的，那么我如何做到自律而不是临阵逃脱呢？这一点很困难。你如何保持自律？你认为保持身体的活力与健康是为了什么呢？

博恩

我认为只要每次实践一天就可以了。戴尔·卡耐基在他的书《如何赢得朋友并影响他人》中，或他的另一本书《如何停止忧虑开创人生》中说明了这一点。他说，无论如何，每次都要花一天时间，不要试图改变世界，不要试图改变你的一生，用“就在今天”这句话告诫自己就可以了。我就在今天多喝点水；我就在今天只喝两杯咖啡；我就在今天把车停在离办公室两个街区远的地方，然后走过去，爬楼梯。就在今天。

我写了本《意志的力量》，还写了本《别找借口！自律的力量》，在这些书中，我详细解释了要养成成功所需的习惯需要采取哪些步骤。我也写过一本《价值百万的习惯》，这本书将在今年再次出版，它是关于习惯主题最好的书，显然出版商现在也认同了这一点。基本上都是关于实践的，每天做一点，直到这些习惯成为一种自觉意识。

德国哲学家歌德说过：“凡事，必先难后易。”所以你只要说“好吧，这件事开头很难，但会逐渐变得容易。那么我现在就开始，一步一步来”。有时，我跟观众开玩笑说：“如果我给你 100 万美元让你从达拉斯走到芝加哥，但必须步行，不能搭便车或买机票，如果你必须要走路，你会怎么做？如果你相信我而且想要这 100 万美元，你会怎么做？嗯，你要做的第一件事就是走出这个会议中心，朝芝加哥的方向走去，然后一步一步前行，如此而已。”

有的人到的早，有的人到的晚，但所有人都能到达那里。只要做到每次都迈出一步就好了，所以，我说，人生中最大的挑战始终是迈出第一步，一旦迈出第一步，第二步就很容易了。我觉得，你总能看到第一步，第一步始终是清晰的，迈出第一步，第二步也就出现了，接着就可以迈出第二步了。只要坚持这样做，最终你就可以走遍世界各地。

丹

没错，好建议！我觉得这可以很好地总结为了发挥作用而养成的影响力技能习惯。我们已经涵盖了最重要的领域，即家人和自己，也谈到了职业生涯，我希望你做个最后的总结。你认为影响这一概念最大的亮点是什么？人们读完书并开始实施书中的想法后，你希望他们记住什么？你希望他们记住的最大亮点是什么？

博恩

我认为最简单的想法是你不能影响别人比影响自己还多，因此，为了对他人施加影响，你必须有很强的意志力和自律力。你必须非常清楚自己的定位和优缺点，也必须非常清楚针对目标你想要什么以及如何实现目标。你必须把这些写下来，它们才不会想空中的烟雾一样消散；接着你必须制定计划来实现你的目标，一次一个——一个财务目标、一个健康目标、一个家庭目标；然后你必须在每天为实现自己的目标而奋斗。

如果你能完成这些事，你便能成为自己的榜样，开始朝着目标前进。你会更加乐观、更加自信，如此一来，便会对其他人有更多的影响，因为他们都越来越想成为你的样子。他们会以更开放的心态接受你的指导，因为他们看到你在自己的人生中不断进步。没有什么事比你看上去很成功使你更有影响力了，人们都想取得成功，所以就会想成为你一样的人。

如果人们问成功的关键是什么，很简单：恰切地确定你想要的是什么，把它写下来，制定计划，而且这个计划要详细，然后针对计划采取行动，每天为之奋斗，直到你成功为止，一定要提前下定决心，做到永不言弃。如果你能做到这些，那就能提升自己的自尊心和自信心，就会觉得自己很棒，就能完成非凡之事，就能成为你身边每个人生命中的榜样和有影响力的人。

丹

毫无疑问，你就是我生命中的榜样。我希望我能够运用这些想法，也希望读者能够在商业、家庭、配偶关系、社区中运用这些想法。博恩，很高兴和你一起交谈。

博恩

谢谢，丹，我们的交谈非常愉快！